基于分布式光纤测温技术的灌注桩完整性检测研究

肖衡林　刘永莉　著

中国建筑工业出版社

图书在版编目（CIP）数据

基于分布式光纤测温技术的灌注桩完整性检测研究 /
肖衡林，刘永莉著. —北京 ：中国建筑工业出版社，
2021.8
　　ISBN 978-7-112-26176-5

　　Ⅰ. ①基… Ⅱ. ①肖… ②刘… Ⅲ. ①灌注桩-温度
监测-研究 Ⅳ. ①TU473.1

　　中国版本图书馆 CIP 数据核字（2021）第 108837 号

灌注桩具有直径大、承载力高、施工成桩时无振动扰土、施工现场噪声小、经济合理等优点，在城市建筑物密集的场地被广泛应用。但桩基施工工艺要求较高，稍有不慎，就会出现各种质量问题，所以采取有效的方法检测灌注桩质量至关重要。然而现今的检测方法存在设备笨重，费用高，误差大，无法快速、在线、长期监测等问题。分布式光纤测温技术应用于灌注桩基检测具有很大优势，比如其体积小、质量轻，灵敏度高，抗电磁干扰，能长期在线、实时快速分布式检测桩基质量。本书介绍了光纤测温技术检测桩基完整性方法的原理和基本理论，并在已有研究基础上，对检测系统的布线方式设计，灌注桩模型的制作，光纤影响范围进行了试验和研究，并开展了灌注桩完整性现场试验及模型试验对比研究。

责任编辑：杨允
责任校对：李美娜

基于分布式光纤测温技术的灌注桩完整性检测研究
肖衡林　刘永莉　著

*

中国建筑工业出版社出版、发行（北京海淀三里河路9号）
各地新华书店、建筑书店经销
北京红光制版公司制版
北京建筑工业印刷厂印刷

*

开本：787 毫米×960 毫米　1/16　印张：10¼　字数：204 千字
2021 年 7 月第一版　　2021 年 7 月第一次印刷
定价：**50.00** 元
ISBN 978-7-112-26176-5
（37004）

前　　言

　　桩基质量关乎上部结构的正常使用及人们的住行安全，受到土木、水利与道桥等工程领域人员的高度关注。灌注桩适应性强，是应用较为普遍的一种桩型，但灌注桩施工中出现质量缺陷的概率高达15％～20％，且检测和修补缺陷困难，给工程埋下安全隐患，甚至造成较为严重的工程事故。对灌注桩的完整性进行全面、快速、高效检测并准确评价桩基质量，是桩基工程中一项必不可少的工作。

　　灌注桩完整性检测方法主要有声波透射法、低应变法、高应变法、静载试验法、钻芯法等，这些检测方法为保证灌注桩质量发挥了重要作用，但也存在以下不足：设备笨重、效率低、费用高、误差较大、易漏检错判、检测条件苛刻、易受干扰，不能定量判断，属于点式检测、无法实现快速、在线与长期检测等。基于分布式光纤温度传感热法桩身完整性测试方法能够在灌注桩施工完成后，利用水化热引起的热传导特征判断桩身完整性，可以节约工期，间接降低了工程费用。

　　为提高灌注桩完整性检测效率，推广热法测试灌注桩完整性的应用，规范基于分布式光纤温度传感技术灌注桩完整性检测工作，作者根据多年研究成果编制了《基于分布式光纤测温技术的灌注桩完整性检测研究》。主要内容包括：基于分布式光纤温度传感技术的灌注桩完整性检测基本理论和系统布设理论、不同类型缺陷桩检测物理模型试验和数值仿真研究、检测系统优化及不同边界条件下桩体热传导特征研究、工程应用研究等。本书阐述了相关内容的基本概念、实施的技术指标和要求，为规范基于分布式光纤测温技术灌注桩完整性检测提供了必要的理论支撑。

　　在本书完成之际，作者特别感谢陈智、李丽华、马强等老师的支持；感谢课题组研究生雷文凯、范萌、徐超凡在灌注桩缺陷检测模型试验及现场测试研究，王克兵、丁浩、黄思璐、饶兰在检测原理基本理论及检测系统优化设计研究等方面的重要贡献；感谢研究生孙洋在数值仿真和分析研究中做出的贡献。同时也衷心感谢本著作中被引用文献资料的作者们。

　　本书共13章，肖衡林负责整体统稿，第1、2、4、5章由肖衡林撰写（5.9万字），其余章节由刘永莉撰写（14.5万字），丁浩、王克兵、孙洋三位研究生协助统稿。

　　构建定量高效的基于分布式光纤温度传感技术灌注桩完整性检测系统，是一项新技术探索。课题组成员开展了大量模型试验、数值仿真和理论分析工作，并用于工程实践验证了理论和技术成果的正确性。限于灌注桩所在地质环境的不确定性和变异性，构建一项通用性强的监测技术体系是一项富有挑战性工作，限于作者水平，书中难免存在疏漏和不足之处，敬请各位读者批评指正！本专著的出版，希望对我国桩基工程检测有所帮忙，并在今后的推广应用中不断提高和完善。

作者

于湖北工业大学

2021 年 5 月 18 日

目　　录

V

第三篇　数值模型试验研究

第四篇　专　题　研　究

第一篇　测试方法及基本理论

第1章 灌注桩完整性检测方法及研究现状

桩是应用最为广泛的一种基础，据不完全统计，目前我国年平均用桩量超过1000万根。桩基质量关乎上部结构正常使用及人们住行安全，受到土木、水利与道桥等工程领域人员的高度关注。灌注桩因其适应性强，是应用最为普遍的一种桩型[1]，通常在地下或水下进行施工，地质条件与施工工艺复杂，影响因素众多，质量往往不易控制，不可避免出现缩颈、断桩、夹泥、露筋、离析、沉渣过厚、桩顶段混凝土疏松等缺陷，影响桩身完整性与单桩承载能力[2]。受地质等不确定性因素影响，灌注桩施工中出现质量缺陷的概率高达15%～20%[3,4]，一旦桩中存在质量缺陷，对其进行修补是困难的，尤其是大的缺陷未被检测到，将给工程埋下安全隐患，甚至造成较为严重工程事故。有资料表明，国外混凝土灌注桩缺陷率为10%～20%，而国内则高达20%[5]。随着我国对基础建设的大量投入，高层与超高层建筑、铁路与公路桥梁、港口码头、海洋平台等工程飞速发展，灌注桩数量呈几何级数递增，成为大型工程首选桩型，据统计，我国已经成为应用钻孔桩数量最多的国家[6]。另一方面，灌注桩向深、长、大方向发展，使得灌注桩检测任务更加艰巨，面临着更大挑战。因此，如何对灌注桩完整性进行全面、快速、高效的检测并准确评价桩基质量，是桩基工程中一项必不可少的工作，对保障工程质量具有重大意义[7-9]。成为目前岩土工程界关注的热点课题之一。因此，现有的检测技术不断地被完善[10]，一些新技术也相继提出[11,12]，与现有技术相互补充和验证。

长期以来，人们在灌注桩完整性检测方面进行了深入研究，提出了诸多行之有效的检测方法，主要包括声波透射法、低应变法、高应变法、静载试验、取样、钻芯法等[13,14]，这些方法为确保桩基质量，保障上部结构与生命财产安全作出了巨大贡献。

1.1 声波透射法

声波透射法是依据超声波在混凝土中传播各类参数（声速、声幅等）变化来判定桩基内部存在的缺陷和病害。1941年，声脉冲反射法的探伤装置和测量仪器在密歇根大学由物理学副教授 Floyd Firestone 发明创造；紧接着 Sperry 公司于1943年生产了首台脉冲超声检验仪；在此基础上，英国琼斯和加拿大莱斯利、切斯曼的研究人员于1949年首次将超声脉冲技术运用到混凝土检测中，开创了混凝土检测新领域。

1984 年，吴慧敏教授采用声波透射法检测了郑州黄河大桥钢筋混凝土钻孔灌注桩完整性，这是我国首次采用声波透射法检测桥梁桩基。随后，以吴慧敏为首的研究人员提出了 PSD 判据法来判断桩基完整性，该方法可以判断桩身内部缺陷，主要利用相邻测点声时关系来判断缺陷位置和大小，考察相邻测点声时的离散程度；宋人心等人[10]提出了"灌注桩声波透射法缺陷分析方法-阴影重叠法"，将加密对测和斜测的检测结果标示于检测剖面图上，可以更直观地分析判断缺陷范围；李廷等人[15]在传统的声时、声幅和 PSD 判据的基础上综合考虑了两侧声波管可能不平行情况，提出了桥梁桩基声波透射法综合判定方法，减少了检测声波管不平行等施工因素对声波检测法的影响；韩侃等人[16]研究表明单一声学指标不能完整地反映桩基缺陷和病害，在使用声波透射法时应综合考虑各项指标；王述红等人[17]检测了大直径钻孔灌注桩桩身完整性，通过声波透射检测的数据判定了桩身特性，之后利用统计分析建立了桩身强度和声时之间的回归关系；贺玉龙等人[18]采用声波透射法检测旋转喷射桩体加固效果，结果表明声波透射法对现场测试条件要求不高，可以重复测试，对均匀性和强度特征的检测准确性较高。

经过许多科研工作者大量试验研究和丰富工程经验积累，该技术在灌注桩完整性检测中发挥着重要作用。然而，声波透射法仍然存在以下局限性：

（1）混凝土桩中插入管是必需的；

（2）只能检测到接触管之间存在的缺陷；

（3）水平细小裂纹检测不容易；

（4）不能应用于未固化的混凝土桩缺陷检测，增加了检测时长；

（5）只有当缺陷尺寸超过约 1/3 的接入管间距或大约 10% 桩横截面积时，才可检测到位于接入管中间的缺陷[19-23]。

1.2 动测法

根据作用在桩顶上的能量是否产生塑性位移，将基桩动测法分为高、低应变两种方法，其中高应变法主要用来检测单桩承载力和桩身质量，低应变法主要用来检测桩身完整性。目前高应变法有动力打桩公式法、波动方程分析法、Case 法、波形拟合法、锤击贯入法和静-动试桩法等，低应变法有机械阻抗法、应力波反射法、球击法、动力参数法、水电效应法等。

在国外，Venant[24]于 1883 年首次分析了一个一端固定有限长杆在自由端被刚体撞击的受力情况，给出了应力波在杆中传播的解答，为打桩时应力波在其中的传播规律提供了理论支持。此后这方面研究一直没有大的进展，直到 20 世纪

60 年代初，随着大型电子计算机出现和发展，用数值方法求解波动方程成为可能。1960 年，Smith 提出锤-桩-土系统离散数学模型，借助于电子计算机并用差分法求得了响应的解答[25]。1964～1975 年期间，美国 Case 技术学院 Gobl 领导的研究小组进行了桩基应力波检测技术和理论分析的系统研究，取得了丰硕成果[26-28]：在测量技术方面，此研究小组改进了应变测试技术，设计了可重复使用的应变传感器；1972 年，这个研究小组成立了"桩动力公司"（PDI），并开始生产打桩分析器（PDA）；在理论研究方面，这个研究小组主要贡献是以在桩顶直接测量力和速度时程曲线作为求解波动方程的边界条件，这样就能够避免了不易确定的锤子和垫层性能的影响，为桩承载力精确计算创造了条件，在做了许多假定之后，他们推导出了波动方程的一个准封闭解，提出了著名的 Case 法[26-28]。

在国内，1972 年湖南大学周光龙等人开始研究桩检测的动测技术，提出了动力参数测桩法[29]。1976 年四川省建筑科学研究所和中国建筑科学研究院共同研究成功锤击贯入高应变测桩法。1978 年唐念慈编制了 BF81 计算机程序，对动静测桩方法进行了对比研究。1980 年西安公路研究所研究了稳态激振机械阻抗法[30]，并与中国科学院电工所共同研究了水电效应法低应变动力测桩方法[31]，并自制了我国最早的低应变测桩仪器。1986 年甘肃建筑科学研究所与上海铁道学院共同研制了我国最早的高应变打桩分析仪（DZH-3 型）。1988 年后，中国建筑科学研究院开始针对引进的 DPA 打桩分析仪进行开发研究，对 40 根不同类型的桩进行静、动对比试验，取得较好效果，并研制了 DJ-3 型测桩仪，1992 年又推出 FEI-A 型桩基动测分析系统，具备高、低应变检测功能，目前已发展为 FEI-C 型。

尽管低应变反射波法日益得到了工程界的肯定及大力推广，但该方法同其他基桩测试方法一样，也有其局限性，在实际应用中尚有许多问题没有解决。其中以桩体缺陷程度无法定量分析、桩长评价因波速原因而存在一定误差、完整性分类人为因素较多等问题最为突出。对此，许多学者对低应变反射波法展开了系列研究，王宏志等研究了桩底土和桩侧土模量变化对反射波曲线的影响，推导了桩与多层土共同作用模型的振动半解析解，给出瞬态半个正弦波荷载作用下桩顶响应的振动半解析解表达式[32]；刘东甲对参数与完整桩关系的研究表明土参数、桩参数和激振力参数都对桩动力响应发生影响[33]；李挺研究了桩端土刚度和激振力频率因子对反射波曲线的影响，利用叠加原理求得了瞬态半正弦激振条件下的解析解，并编程对影响桩身响应的主要因素进行了分析[34]；王奎华等研究了有限长桩、变阻抗桩及黏弹性变截面阻抗桩的特性，发现幅频曲线的极大值受阻尼因子控制，而共振频率主要受桩底土刚度因子影响，相频曲线振荡幅度主要受阻尼因子控制[35]；王腾研究了任意变截面桩纵向振动的特性，分析了缺陷段长度对桩顶速度导纳及反射波曲线的影响，指出当缩颈段长度很小时，导纳曲线和反射波曲线上的特征反射很微弱[36]；陈凡等研究了尺寸效应对基桩低应变完整性检测的影响，发现桩浅部有严重缺陷且激励脉冲较宽时，波形主要表现出大振幅、低频宽幅摆动性状，缺陷以上桩身段波动性状不明显[37]；赵振东等利用有限元法，研究了局部缺陷桩动力反映特性，指出桩体内行进的应力波将在缺陷区发生反射，其反射波峰值随缺陷区迎波面面积的增大而增大[38]；袁大器通过激振点在桩身缺陷的同侧和异侧对不同类型缺陷管桩进行对比，得到了应力波波速随着管桩缺陷位置变化而变化的规律[39]；王致富等得出了不考虑桩侧土阻尼条件下不同程度缩径桩缺陷处反射波与桩顶入射波之间的变化规律，发现敲击速度对脉冲宽度基本没有影响，但入射波幅值随敲击速度增大按线性规律增大[40]。

众所周知，动测法是一种相对快速、经济、便携的检测方法。然而，在桩身完整性试验中，动测法仍然存在以下局限性[41,42]：

（1）当桩长径比大于 30 时，由于周围土壤吸收应力波的能量，很难从桩端检测到反射信号；

（2）桩帽的存在导致能量减少，由于桩帽和桩之间的阻抗不匹配导致入射波反射，所以会沿桩向下传播；

（3）对于钻孔桩，很难计算弹性模量，因此假设波速，从而导致检测到的桩长和缺陷深度不准确；

（4）如果缺陷横向尺寸与缺陷深度之比小于 0.3，则无法检测到缺陷；

（5）无法获得缺陷水平位置的信息。

1.3 静载试验

静荷载试验主要是检测桩基竖向承载力，其操作过程是在桩基顶部逐级施加荷载，致使桩基及桩基周围土体产生相互作用。随着时间的推移，荷载逐渐加大，由标记的检测点记录桩基竖向荷载-位移曲线，根据此曲线判断桩基质量和竖向承载力。

20 世纪 80 年代中后期，美国学者 Osterberg 提出了一种在桩基底部预埋压力盒，进而测定桩基承载力的方法，随后对该试验测试方法进行了研究[43]，并将该试验方法成功运用于实际工程应用中，此后被逐步推广至世界各地。东南大学龚维明教授等人于 1996 年，同江苏省建设厅和南京市建筑质检站展开合作，就 Osterberg-Cell 法进行了系统研究，并在 1999 年完成了《桩承载力自平衡测试技术规程》[44]，将此法命名为"自平衡试验"。蒋建平等人[45]根据同一工程、同一场地土层中的等直径桩（含端承摩擦桩和纯摩擦桩）、扩底桩、楔形桩竖向承载力静载试验，对以上三种形状灌注桩的承载性能进行对比分析，得出相同条件下，由扩底桩→楔形桩→端承摩擦桩→纯摩擦桩，桩的承载力越来越小，沉降逐渐加大；如果不是岩层，在一般土体中，扩底桩承载性能也优于其他桩型。Annie Peter 等[46]分析了在静荷载的作用下扩底桩的承载性状，比较了扩底灌注桩在不同土层中承载力形状发挥的异同，但主要是针对小直径扩底桩进行分析，深长大直径扩底灌注桩单桩承载性能与其有较大区别，其分析方法可以借鉴。陈祥等人[47]结合北京市朝阳区某工程详细介绍了如何利用钢筋计测试水平荷载作用下桩身挠度、弯矩和转角的变化，根据弯矩分布曲线判断桩身最大弯矩截面位置；通过桩基水平静载试验，分析桩顶侧向位移变化过程。张蕾等人[48]统计合肥地区 95 根扩底桩试验数据，用数值方法分析桩长对扩底桩经济和技术指标的影响，得出桩长小于 10~12m 时，更有利于扩底桩端阻承载发挥；指出把扩底桩看成大直径桩来研究其桩基深度效应的方法并不合理，还应考虑扩底桩破坏形态、受力变形性能都与普通大直径桩有较大区别。

静荷载试验方法简单、安全、可靠，能准确模拟出地基和基础实际工作情况，但是往往由于对桩基施加荷载过大，导致桩基破坏，属于有损检测，而且检测时间长，成本高，工作复杂，只能用于少数桩基[49]。

1.4 钻芯法

钻芯法简单来说即是用钻机在桩身上沿长度方向钻取混凝土芯样和桩端的岩土芯样，根据芯样观察和测试结果评价成桩混凝土质量的一种检测方法[50]。

这种方法在国外的应用已有几十年历史，苏联从 1956 年开始就利用钻取芯样，评定道路和水工工程混凝土的质量，并且于 1967 年颁布了钻取芯样方法国家标准。英国、美国、德国、比利时和澳大利亚等国分别制定了钻取混凝土芯样进行强度试验的标准[51]。国际标准化组织也提出了"硬化混凝土芯样的钻取检查和抗压试验"国际化标准草案（ISO/DIS 7034）。我国统一化研究工作是从 20世纪 80 年代开始，1986 年我国原冶金部颁布《钻取芯样法检测结构混凝土抗压强度技术规程》YBJ 209—86，2007 年，中国工程建筑建设标准化委员会颁布了《钻芯法检测混凝土强度技术规程》CECS 03：2007[52]。

随着钻芯法在混凝土强度检测中的运用，以及相关规范的制定，许多学者开始将钻芯法应用到隐蔽工程检测中。在此基础上，苏振宇分析了钻芯检测法在桥梁桩基工程质量控制中的作用，并根据工程实例探讨不同取样位置、方法以及取芯直径等对桩基质量评定的影响，建议对桥梁桩基钻芯检测制定出专用的试验检测评定方法，对取芯位置、取样方法、芯样直径、强度换算、异常值舍弃等作出明确规定[53]；韦俏玲以两例钻芯法检测基桩工程质量为背景，从取芯方法、芯样缺陷取样位置、持力层芯样强度修正等方面进行了详细的分析和探讨，提出了从芯样缺陷部位强度差异及离散性等因素综合考虑的细化分析判断方法建议[54]；

唐毅等人[55]依托界面钻芯法在深圳市某工程中的应用,结合现场检测情况,总结了界面钻芯法的优点和检测经验,通过在深圳市多个项目中的应用成果表明,该方法非常适用于长径比大、桩径小的灌注桩桩底情况检测;毛远伟等人[56]通过定性分析和定量计算,发现合理确定加孔孔位,可以提高钻芯孔到底的成功率,确保钻芯法检测的实施。

总之,钻芯法对大直径承载力桩能够实现快速、经济和可靠的检测,但是钻芯法也是一种微破损检测方法,且不能直接反映桩体实际工作受力状态。

1.5 本章小结

这些方法与技术为确保桩基质量,保障上部结构与生命财产安全做出了巨大贡献。但是,从整体上分析,这些检测技术、方法与设备方面依然存在以下问题:设备笨重、效率低、费用高、误差较大、易漏检错判、检测条件苛刻、易受干扰、不能定量判断、属于点式检测、无法实现快速、在线与长期检测等[57-60]。然而,实际工程环境都比较复杂,间接提高了对桩基检测技术的要求,常规检测技术难以满足当今工程建设与维护的需要。因此,探究与灌注桩检测相关的新技术、新方法与新设备是当务之急。

灌注桩成桩过程中,水泥水化反应会产生大量水化热,如果桩身完整性好,则桩身材料相对较为均匀,水化热引起的热传导或者桩体内植入热源引起的热传导规律性好,因此,提出热法桩身完整性检测方法,该方法能够在灌注桩施工完成后,利用水化热引起的热传导特征变化判断桩身完整性,可以节约工期,间接减少了工程费用。本书将对分布式光纤测温技术检测灌注桩完整性的研究进行总结。

第 2 章 DTS 检测灌注桩完整性的 基本理论及研究现状

分布式光纤测温传感技术（Distributed Optical Fiber Temperature Sensing Technology，简称：DTS）以其体积小、质量轻、灵敏度高，抗电磁干扰，能长期、在线实时快速分布式检测等[11,61]优点被广泛运用于军事、航空、建筑、冶金、电网、供水系统等各个领域[62,63]。基桩的热完整性检测是根据水泥水化热特征或者内置热源的热传导特征判断现浇混凝土灌注桩内是否含有缺陷。通过在灌注桩中埋设传感光纤测量不同时刻桩身温度，根据温度变化及其他温度参数来判断桩身完整性。该技术融合了当今先进的光纤传感技术，充分利用其高精度、抗腐蚀、抗电磁干扰、耐高压、轻便、无损、长期、在线实时快速分布式检测等优点，相较于已经成功取得工程应用的声波透射法、低应变法、静载试验、钻芯取样法等[64-69]，不仅能实现无损检测，而且可以在灌注桩完成后很短的时间内，利用灌注桩水泥水化热引起的温度场分布、变化特征判断基桩是否存在缺陷。该检测技术很大程度上节约了施工时间，间接减小了工程费用，能够及时对缺陷桩采取补救或补强措施，具有很大的经济优势及研究价值[70]，开展相关研究对推动桩基检测技术发展及桩基质量保证具有重要意义。

蔡德所[71]率先将 DTS 测温技术引入到国内，并在三峡工程中进行了试验，试验结果表明该方法能快速、连续地监测坝体内部混凝土水化热的释放过程；继而又将其应用于坝基渗透监测。Mullins 等[72-77]提出了热完整性桩基检测技术（TIP），在桩身混凝土浇筑初期，利用混凝土水化反应发热的原理，测量桩身不同深度处的温度，由于温度高低与混凝土用量和质量缺陷（缩颈、鼓包、缝隙或夹泥）存在相关关系，根据温度绝对值与温度沿桩身的相对差异来分析桩身混凝土浇筑是否均匀，桩身是否完整，钢筋笼放置是否偏心，计算钢筋保护层厚度等。韩国的 Ki-Tae Chang、Tewodros Y. Yosef 等[78]通过基于 DTS 的温度数据和 VS2DHI（用于分析多孔介质中二维热传输的有限差分代码）分析大坝中的水热耦合，得到水热耦合分析可能评估土坝的完整性。肖衡林等以线热源法为基础，对不同含水量情况下 3 种岩土体的导热系数进行试验研究，阐述基于 DTS 岩土体导热系数测量方法的基本原理[79]；通过模型试验验证了 DTS 检测断桩、夹泥、离析等桩缺陷的可行性，建立了热传导系数与桩缺陷之间定量关系式[80]；定量研究了桩的导热系数，温度与加热功率、桩料、黏土含量之间关系[81,82]。曹雪珂[12,91]将 BOTDR 检测技术与缺陷指标法相结合，得到了一种基于分布式光纤的桩基完整性检测缺陷指标法，并通过对比实际缺陷和有限元分析结果，验证了该方法的可行性。刘永莉[82,83]等完善了DTS应用于灌注桩完整性检测的理论，针对不同桩径的灌注桩，对沿桩中心轴线方向内置光纤热源的热传导特征进行研究，并研究了相应的模型试验装置。

2.1 检测原理

基于分布式光纤测温技术检测灌注桩基完整性是利用不同介质导热系数不同的原理实现的。若灌注桩内部存在缺陷，如发生缩径、局部夹泥、膨胀、沉渣过厚、断桩等缺陷，则缺陷部位与正常部位由于介质的组成不同，导热系数发生变化。通过对桩体加热，缺陷信号将被放大，观察灌注桩身沿线部位温度分布，根据温度异常则可判定桩身存在缺陷。

通常情况下，灌注桩桩身介质为非饱和状态，桩身材料可看作多孔介质。以稳定的加热功率对桩体内置光纤进行加热，打破了光纤原有的热稳定状态。加热一段时间后，光纤及其周围一定范围内介质温度保持稳定，达到了新的温度稳定状态，即达到新的稳定温度场[84]。因为光纤直径较小，加热时单位时间内施加的加热功率也很小，产生热量也较小，所以加热光纤只会对其周围一个不大的范围内桩身介质温度产生影响。而且光纤的径向长度及光纤热影响范围相对于光纤的轴向长度来说为极小量，则可以将光纤与桩身介质的热传导过程简化为一维导热过程。

设桩身介质达到稳定状态时的拟导热系数为常量，如果将光纤与桩身介质的热传导过程看作为单层圆筒壁一维导热过程。光纤半径为 r_1（即圆筒壁的内径），热传导的临界半径为 r_2，即 r_2 之外桩身介质的温度不受影响，与初始温度值相同。当未加热时，光纤初始温度与桩身介质的温度同为 T_0。设加热时间 Δt 后，光纤与桩身介质达到新的稳定状态，温度为 T_1。取半径为 r，厚度为 dr 的单位长度圆形薄壁，则热流量傅里叶定律表达式为[85]：

$$Q = -\lambda A \frac{\mathrm{d}T}{\mathrm{d}r} \tag{2.1}$$

式中 Q——单位时间内的导热量；

λ——桩身介质的导热系数；

A——单位长度圆筒薄壁的传热面积，$A = 2\pi r$。

对式（2.1）进行积分得：

$$\frac{Q}{2\pi\lambda} \int_{r_1}^{r} \frac{\mathrm{d}r}{r} = -\int_{T_1}^{T} \mathrm{d}T \tag{2.2}$$

对式（2.2）进一步转化得：

$$T = T_1 - \frac{Q}{2\pi\lambda}\ln\frac{r}{r_1} \tag{2.3}$$

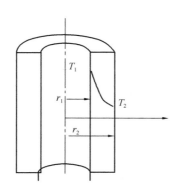

由式（2.3）可以看出，圆筒壁内桩身介质的温度分布为对数曲线。如图 2.1 所示，T_2 为距光纤中心径向距离，r_2（圆筒壁的外径）处受光纤内热源温度影响的桩身介质温度，由前面假设可知 T_2 等于初始温度 T_0。

当 $r = r_2$ 时，$T = T_2$，代入式（2.3），得热流量表达式为：

$$Q = \frac{2\pi\lambda}{\ln(r_2/r_1)}(T_1 - T_2) \tag{2.4}$$

图 2.1　桩身介质温度分布图

根据能量守恒定律可得单位时间内加热系统产生的热量等于光纤向桩身介质传递的热量。即：

$$P = Q \tag{2.5}$$

式中　P——单位时间内在单位长度金属铠中产生的热量。

$$P = \frac{U^2}{RL} \tag{2.6}$$

式中　U——施加电压（V）；

　　　R——加热段金属铠电阻（Ω）；

　　　L——加热段长度（m）。

当确定调压器所加电压后，即可推算出对应 P 值。

由前面论述可知，假设桩身介质温度升高量为 θ，则 $\theta = T_1 - T_0 = T_1 - T_2$，将其代入式（2.4），并结合式（2.5）、式（2.6），得：

$$\frac{U^2}{RL} = \frac{2\pi\lambda\theta}{\ln(r_2/r_1)} \tag{2.7}$$

由式（2.7）得桩身介质导热系数与温升之间的关系式：

$$\lambda = \frac{U^2\ln(r_2/r_1)}{2\pi RL\theta} \tag{2.8}$$

在一定体积含水量下，普通混凝土的导热系数 λ_c 与密度 ρ 之间关系如下[86]：

$$\lambda_c = 0.0655e^{0.0015\rho} \tag{2.9}$$

通过各组成成分导热系数的质量加权百分比来确定混凝土导热系数。假如桩基存在夹泥缺陷，则该介质的导热系数计算公式为：

$$\lambda = \lambda_c\omega_1 + \lambda_s\omega_2 \tag{2.10}$$

式中　ω_1、ω_2——分别为混凝土与泥的质量比；

　　　λ_s——泥的导热系数。

由式（2.8）~式（2.10）得：

$$\theta = \frac{U^2 \ln(r_2/r_1)}{2\pi RL \left(0.0655 e^{0.0015\rho} \omega_1 + \lambda_s \omega_2\right)} \tag{2.11}$$

式（2.11）即为基于分布式光纤测温技术的灌注桩完整性检测方法的理论推算方程。因此影响光纤温升的因素有：光纤端部施加的电压、桩身密度、光纤长度、光纤半径等。灌注桩常见缺陷有局部夹泥、断桩、缩径、沉渣过多、集中性气孔等。无论何种缺陷，灌注桩缺陷部位与完整部位的拟导热系数不同，且不同缺陷的拟导热系数也有差异，加热后所测得的温升也有区别。所以通过分析不同电压下桩身的温升情况，即可判断灌注桩是否存在缺陷问题。

2.2　检测系统

分布式光纤测温系统主要由三部分组成：分布式光纤测温仪、光纤温度传感器及加热系统。

1. 分布式光纤测温仪

Sentinel DTS 是 York Sensors Limited 生产的分布式光纤测温仪，可沿光纤对温度进行分布式测量，用于接收数据并显示温度，如图 2.2 所示。

此机型的分布式光纤测温仪测量距离最多可达 25km，温度分辨率可达 0.05℃（取样间隔为 0.5m 时）。详细构成如下：

（1）激光组件：主要由高功率脉冲半导体激光器、激光器驱动电源两部分组成；

（2）光纤波分复用器：主要由双向光纤耦合器、多光束干涉型高隔离度光学滤光片两部分组成；

（3）光电接收与放大组件：主要由光雪崩二极管以及宽带、高增益、低噪声的主放大器构成；

图 2.2　分布式温度测量仪

（4）信号处理系统：主要由双通道高速瞬态信号采集处理卡、信号处理软件两部分组成；

（5）光纤以及光纤绕阻温度传感器[87]。

分布式温度传感测量原理是系统的激光发射装置向光纤发射一个 10nm 的光脉冲，光脉冲沿着光纤内部的玻璃芯移动，产生瑞利散射及拉曼散射两种类型的非弹性散射。其中当振荡跃迁能量调整到最初的光脉冲能量时就会产生拉曼散射，拉曼散射光含有 Stokes 光和 Anti-Stokes 光两种成分。其中 Stokes 光是光脉冲能量因振荡跃迁能量减少时产生的，Anti-Stokes 光是光脉冲能量因振荡跃迁能量增加时产生的。因为 Anti-Stokes 光与 Stokes 光的强度之比只与温度 T 有关，与其他因素无关。可以运用 Anti-Stokes 及 Stokes，通过计算拉曼散射光强比值得到光纤上某一点的温度[88-91]。

2. 光纤温度传感器

配合 Sentinel DTS 系统，试验选择 50/125 多模光纤温度传感器用于传输数据。如图 2.3 所示，该光纤结构为 3 层同轴圆柱体，分别为纤芯、包层、一次涂料三部分。其中光纤的中心即纤芯的主要成分为 SiO_2，其折射率最高，引导光沿着光缆运动。纤芯的外面围着一层减少光波导信号损耗的外包层。在光纤中，对光的传播起至关重要作用的主体结构就是纤芯和包层。最外层是一次涂层，预防纤芯和包层的机械损坏，其直径为 $250\mu m$。所谓"多模"是指该光纤可以传导多重光线。50/125 多模光纤为渐变折射率多模光纤，如图 2.4 所示，"渐变折射"指玻璃纤芯结构的折射率为抛物线渐变，它可以增加从包层内某一固定值渐变到纤芯内的最大值的平滑度。

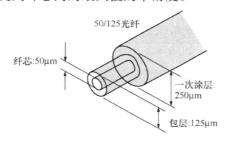

图 2.3　传感光纤结构示意图

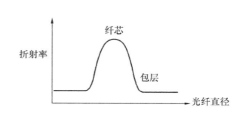

图 2.4　纤芯结构的折射率变化图（L）

50/125 多模光纤是一种渐变折射率多模光纤，玻璃纤芯结构的折射率为抛物线渐变，如图 2.5 所示。渐变折射率多模光纤可以在一定周期范围内，沿光纤集中多重模式，如图 2.6 所示。

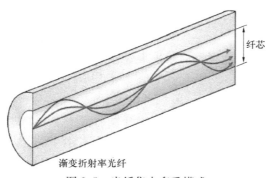

图 2.5　光纤集中多重模式

图 2.6　调压器

3. 加热系统

分布式光纤温度监测系统对温度的监测主要有两种方法：梯度法和热脉冲法。梯度法是利用光纤系统直接测量温度，不对光纤加热；热脉冲法是利用在光纤保护层上附加的热电阻给光纤加热，这种方法可以对监测区温差起到"放大"作用，对光纤埋设位置以及工程条件的要求降低，可以大大提高光纤测温的适用范围。热脉冲法给光纤提供电压进行加热时需要用到加温系统，加温系统主要为调压器。

本书试验所需光纤的长度较短（约 150m），所加功率不高，采用的 TDGC-5 型号调压器如图 2.6 所示，其工作量程为 15A×250V，能够调出 0～225V 内的电压值，满足不同功率的需要。使用热脉冲法的目的主要有两个：一是放大信号，有时缺陷处的温差不明显，不容易区分，信号放大之后，差值一般会显现出来；二是当光纤处于饱和介质中，这时候介质的温度无法区分，通过热脉冲法可以使它们温度发生差异，进而判断不同部位的桩身缺陷情况。

2.3 研究现状

作为一种新型的技术，分布式光纤传感技术自 20 世纪 70 年代兴起以来，便吸引了许多国家投入了大量精力对此进行研究。分布式光纤测温技术，是近二十年来快速发展起来的一种用于实时测量空间温度场分布的测温系统，由 Southampton 大学学者于 1981 年首先提出，它是一种分布式的、连续的、功能型光纤温度传感器[93,94]。在系统中，光纤既是传输媒介也是感应媒介，利用光纤后向拉曼散射的温度效应，对沿线光纤的温度场进行实时测量，利用光时域反射技术对测量点进行精确定位。由于分布式光纤测温技术具有分布式、高精度、高灵敏度、耐腐蚀与电磁干扰，能实现快速、在线、长期检测等优点[94]，国内外科研者纷纷开展对它的研究，并逐渐将该技术推广到土木与水电工程中的各个方面。

1989 年，美国 Mendez 等[95]人首次将光纤传感器埋入混凝土结构中用于结构安全检测。从这以后，许多研究者便开始将该种技术应用于水电、土木等结构的健康检测，并取得了许多重要研究成果。如蔡德所、蔡顺德等[96,97]将 DTS 技术用于实测三峡工程及百色 RCC 大坝大体积混凝土温度测试，并结合有限元模拟，对大坝温度场进行了监控、预测与重构，最后 DTS 测温结果较好地证实了三峡工程大体积混凝土温度场变化的阶段性和规律性。肖衡林，蔡德所等[79,87,98-100]采用分布式光纤测温技术，对思安江面板坝的温度进行测量，用于渗漏监测；开展了大量的渗漏测量模型试验，研究了填料、加热功率、渗漏流速等对光纤温度的影响规律，推导了渗漏监测理论方程，建立了渗漏监测判断半理论半经验公式；并将分布式光纤测温技术用于水流速度的监测及岩土体材料导热系数的测量等领域。

近些年来，随着大直径混凝土基础的大量运用和快速发展，人们开始尝试将分布式光纤传感技术用于桩基检测。Piscsalko. G 等[101,102]提出了热完整性桩基检测技术（TIP），在桩身混凝土浇筑初期，利用混凝土水化反应发热的原理，测量桩身不同深度处的温度，由于温度高低与混凝土的用量和质量缺陷（缩颈、鼓包、缝隙或夹泥）存在相关关系，根据温度的绝对值与温度沿桩身的相对差异来分析桩身混凝土浇筑是否均匀，桩身是否完整，钢筋笼放置是否偏心，计算钢筋保护层厚度等。Rui Yi 等[103]在热完整性桩基检测技术的基础上，通过在桩内布设分布式传感电缆（DFOS）测得了混凝土水化热阶段温度分布曲线，并采用一维轴对称传热有限元模型对数据进行了分析，结果表明：由热数据和传热模型计算得到的桩径剖面图与传统的 TIP 计算结果吻合较好。肖衡林等[82,104-105]提出根据桩缺陷对热传导的影响，又将 DTS 应用于混凝土灌注桩缺陷的识别研究，通过模型试验验证了 DTS 检测断桩、夹泥、离析等桩缺陷的可行性，建立了热传导系数与桩缺陷的定量关系式。刘永莉等[106]完善了 DTS 应用于灌注桩完整性检测的理论，基于有内热源的径向热传导理论和试验，针对不同桩径的灌注桩，对沿桩中心轴线方向内置光纤热源的热传导特征进行研究，确定了桩体内置光纤热源径向热传导特征、桩径、加热功率的定量关系。

目前，关于分布式光纤测温技术检测灌注桩完整性，本书作者所在课题组已经对其进行了许多研究，开展了夹泥、断桩、离析等缺陷桩的模型试验和现场试验，这些试验均证实了利用分布式光纤测温技术检测灌注桩完整性是可行的、有效的，但仍有许多问题需要探讨解决。

2.4　本章小结

本章介绍了分布式光纤测温技术检测灌注桩完整性的检测系统，详细介绍了系统的组成及连接方法，分析了检测技术的基本原理，主要得到以下结论：

（1）推导了基于光纤测温技术灌注桩完整性检测方法的理论方程，分析、归纳影响光纤温升的主要因素有：光纤两端施加的电压、桩身密度、光纤长度、光纤半径等；

（2）基于分布式光纤测温技术检测灌注桩基完整性的方法是利用不同介质导热系数不同实现的；

（3）由于灌注桩缺陷部位与完整部位的拟导热系数不同，且不同缺陷类型桩体材料的拟导热系数也有差异，加热光纤的金属铠甲后缺陷部位温升较正常部位差异变大。所以通过分析施加不同电压下桩身的温升情况，即可判断灌注桩是否含有缺陷。

第3章　光纤检测系统布设基本理论

本章在已有研究的基础上，系统地给出了 DTS 检测方案的设计方法，并对检测方案中相关参数的确定进行了理论研究，对规范 DTS 检测桩缺陷具有推动意义。

3.1　DTS 应用于灌注桩检测的关键环节分析

1. 光纤传感器的布置

对于桩基检测，加热光纤形成的热传导需要覆盖整个桩体，同时需尽量减小对周围环境热辐射的影响。桩体周围地质环境复杂，如果热传导的影响范围涉及岩土介质，则会影响检测数据后续的处理与桩质量评价。

2. 光纤加热功率的确定

灌注桩浇筑完成后，混凝土水化热会随着时间增长逐渐减小，形成瞬态热传导。因为水化热形成的温度场不易控制，所以应用水化热特征判断桩身质量较难统一。将 DTS 应用于桩基缺陷检测，通过加热光纤形成热源易于控制，而且也有相应的理论作为依据，易于推广。但是，加热功率需要针对不同的桩径进行设计。

3.2　桩体内置加热光纤热源热传导模型

1. 有内热源的径向对称系统导热理论

在径向对称的几何体中（图 3.1），在有内热生成的环境下，稳态状况下，几何体的面温度保持为固定值。当导热系数 k 为常数时，柱坐标下热流方程为[7]：

$$\frac{1}{r}\frac{\mathrm{d}}{\mathrm{d}r}\left(r\frac{\mathrm{d}T}{\mathrm{d}r}\right)+\frac{\dot{q}}{k}=0 \tag{3.1}$$

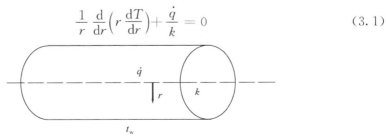

图 3.1　发热圆柱体的导热模型

假定内热源生热均匀，对式（3.1）进行积分得温度分布为：

$$T(r) = -\frac{\dot{q}}{4k}r^2 + C_1\ln r + C_2 \tag{3.2}$$

积分常数 C_1、C_2 可由边界条件确定，t_w 为圆柱体的表面温度。

2. 灌注桩内置光纤热源热传导模型

柱状灌注桩为径向对称的几何体，将传感光纤植入其中，通过对光纤进行加热[107]，植入光纤即为内热源。如果将光纤沿桩的中心线布置，桩体材料均匀，圆柱体的中心线就是温度场的对称线。应用径向对称系统导热理论对光纤热源热传导进行计算，为简化计算，假设满足以下条件[108]：

（1）稳态工作状况；

（2）任何平行于桩中心轴线的光纤热源为一维径向热传导；

（3）常物性；

（4）均匀的容积热生成率；

（5）外表面绝热。

如图 3.2 所示，将光纤植入桩体内，桩截面半径为 R，以加热光纤为内热源，热传导的影响半径为 r，T_s 为岩土介质温度。初始条件下桩体及外表面温度与岩土介质温度相等，光纤均匀容积生成热为 $\dot{q}$(W/m³)，$\dot{q} = \dfrac{q}{\pi R^2}$，$q$ 为单位长度的功率。

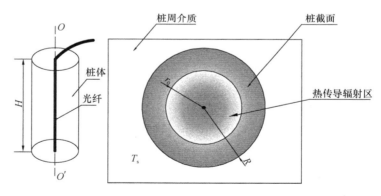

图 3.2　计算模型

确定式（3.2）中积分常数 C_1、C_2，需要两个边界条件，边界条件如下：

第一类边界条件：当 $r = r_0$ 时，$T(r_0) = T_s$

第二类边界条件：当 $r = r_0$ 时，$\dfrac{\mathrm{d}T}{\mathrm{d}r} = -\dfrac{\dot{q}}{2k}r_0$

考虑边界条件，由式（3.2）得温度分布为：

$$T(r) = \frac{q}{4k\pi r_0^2}(r_0^2 - r^2) + T_s \qquad (3.3)$$

对式（3.3）在中心线求值，并用此值去除式（3.3），得到温度分布的无因次形式：

$$\frac{T(r) - T_s}{T_0 - T_s} = 1 - \left(\frac{r}{r_0}\right)^2 \qquad (3.4)$$

其中 r_0 为热传导临界半径，T_0 是中心线温度，即光纤沿线温度，通过 DTS 监测即可得到；$\Delta T(r) = T(r) - T_s$，定义为离热源距离为 r 点的过余温度，热源点的过余温度最大。

3.3 算例分析

灌注桩根据施工环境和施工设备，其桩径尺寸 300～2000mm，《建筑桩基技术规范》JGJ 94—2008 将直径大于 800mm 的灌注桩视为大直径灌注桩，而在《港口工程预应力混凝土大直径灌装设计与施工规程》JTJ/T 261—97 中将大于 1200mm 的预应力混凝土管桩视为大直径管桩，我国香港特别行政区将直径大于 600mm 的灌注桩视为大直径灌注桩。所以本研究分别选取 $R = 300$mm，$R = 400$mm，$R = 600$mm，$R = 1000$mm 的桩进行计算，光纤为单芯铠装光缆。

1. 不同桩径热传导温度分布特征

从式（3.3）分析可知，内置光纤热源引起的热传导导致温度分布呈抛物线形，以光纤为中心，在光纤上温度最高，即当 $r = 0$，$\Delta T(0) = \frac{q}{4k\pi}$，热源点的最高温度由发热功率和材料导热系数决定。对于检测桩体，导热系数未知，所以先根据式（3.4）进行计算。

计算工况：光纤沿桩体的中心轴线布置，即 r_0 分别取 0.3m、0.4m、0.6m、1m，最大过余温度取 1℃。

图 3.3 表明，当 r 增大时，热量损失增加，温度降低；当 $r = r_0$ 时（临界半

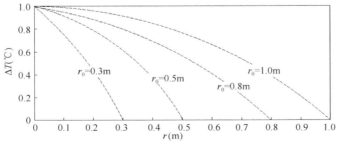

图 3.3 $\Delta T(0) = 1$℃热传导温度分布

径），温度不再降低，降温梯度随着 r 的增大而减小。对于大直径的灌注桩，通过对内置光纤进行加热，引起的热传导形成一个热传导辐射区，存在一个临界半径 r_0，超过这个半径的区域，不受加热光纤的影响，温度等于环境温度。如果光纤布置在桩体的中心，随着桩体半径的增大，当发热功率受限时，热传导很难覆盖整个桩截面，则说明一根桩布置一条光纤很难满足桩体检测的需要。

2. 加热功率与桩体热传导温度分布相关性

计算工况：光纤沿桩体的中心轴线布置，即 r_0 分别取 0.3m、0.4m、0.6m、1m，q 分别取 10W/m、12W/m、15W/m。

对于检测桩体，热传导系数时确定的，式（3.3）可写成如下形式：

$$k\Delta T(r) = \frac{q}{4\pi} - \frac{q}{4\pi}\frac{r^2}{r_0^2} \tag{3.5}$$

其中，k 是导热系数，导热系数受温度、含水量、砂率、骨料等影响，短时间变化较小，则假设为常数[74]。

图 3.4 表明，过余温度随着加热功率的增大而增大。当功率为 10～15W/m 时，中心最高温度增长幅度在 1℃ 左右，加热功率越大，过余温度就越大，考虑绝热面，降温幅度也就越大。所以，选择加热光纤发热功率时，需要制作桩体材料试样来预估桩体材料的导热系数，根据导热系数初始设计加热功率和计算过余温度。同时，过余温度增长时，对于没有明显绝热层的材料，热传导的影响范围就越大，如果桩体内同时内置多条光纤内热源，热传导之间会相互影响。

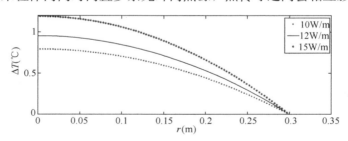

图 3.4　$r_0 = 0.3\mathrm{m}$ 热传导温度分布

3. 光纤检测系统设计

通过以上分析，以光纤为内置热源，利用热传导特征对桩体进行检测，在有限功率条件下，过余温度受桩体导热系数的影响，也是有界的。因此，受热传导辐射范围的影响，对于大直径的灌注桩，需要在桩体内布置多条光纤，才可以检测整个桩体是否存在质量缺陷。光纤两端同时加热时，才能保证光纤内的发热功率是均匀的，所以光纤适合 U 形布置。加热光纤形成的热传导之间会相互影响，会影响对检测结果的评价与分析，所以生热速率既要保证热源中心温度上升满足热传导的要求，又要保证光纤热传导之间不相互影响。同时，热传导要满足径向热传导理论条件。

综合以上分析，检测系统设计如图 3.5 所示，光纤在桩体中呈 U 形布置（图 3.5a），分别从光纤两端对光纤进行加热，则光纤中热生成速率时均匀的，DTS 从光纤 U 形回路 $AA'B'B$ 任一端都可获得光纤沿线的温度分布。由加热光纤 $AA'B'B$ 导致的热传导的影响范围（图 3.5b），只有圆 A 和圆 B 相切或者相离时，加热光纤产生的热传导才能不相互影响，因此，为了保证热传导能有效覆盖整个桩截面，要保证以加热光纤热传导的临界半径形成的两圆相切，即 $r_0 = \dfrac{R}{2}$。同理，AB 中心垂线方向布置光纤 U 形回路 $CC'D'D$，检测过程中两 U 形回路要间隔加热测试，以免热传导相互影响。

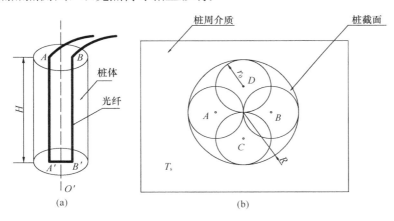

图 3.5 DTS 检测系统

4. 光纤加热功率的确定

根据式（3.5），检测对象确定时，即 r_0 确定。公式（3.5）中有两个未知数，当 $r = 0$ 时，$\Delta T(0)$ 与 q 成正比，比例系数为热传导系数。$\Delta T(0)$ 可以通过 DTS 测试获得，对光纤进行加热时，q 的量值是可控制的。在不同的生热速率 q 下，DTS 测试获得热源点的温度，$\Delta T(0)$-q 曲线的斜率即为 k，可以作为初始计算 k 值。热传导的影响范围是由热生成速率和热传导系数决定的，热传导的影响范围很难精确控制在半径为 r_0 的圆内，而 DTS 的测试精度有限；当 r 越大时，热损失增加，温度下降梯度减小，当小于 DTS 仪器精度时，可认为热传导结束，因此可以通过 DTS 仪器精度确定 q。

对公式（3.5）进行求导，且满足下列等式：

$$\left.\frac{\mathrm{d}\Delta T(r)}{\mathrm{d}r}\right|_{r=r_0} = \delta \tag{3.6}$$

其中 δ 为 DTS 仪器的测试精度，求解式（3.6）即可确定加热功率，因为热传导系数受环境影响。对长时间检测，当环境温度变化较大时，需要重新计算确定加热功率。

对于截面半径为 400mm 的灌注桩，取 $r_0 = 200$mm，$k = 1.74$W/(m·K)，$T_s = 10℃$，$\delta = 0.05$，根据式（3.6）计算得 $q = 0.109$W/m。

3.4　本章小结

光纤的布线及测试参数难以确定制约了 DTS 检测桩缺陷的规范化应用。本章根据一维径向传导理论对光纤检测系统的设计进行了理论分析和计算，主要得到以下结论：

（1）光纤热源的加热功率决定热传导了影响范围，加热功率越大，以光纤热源为中心的热传导辐射区越大。

（2）置入桩体的光纤热源需两端同时加热，光纤中的热生成速率才均匀，光纤需呈"回路"布置在桩体内。

（3）光纤回路温升形成热传导，当热生成速率增大到一定量时，光纤热源产生的热传导相互影响。

（4）理论上光纤的热传导影响范围到达绝热边界，当温度下降梯度减小到温度检测仪器精度时，离热源中心距离可视为热传导的临界半径。

（5）根据 DTS 的测温精度，给出了满足检测需要的光纤加热速率的理论公式。

第二篇 物理模型试验研究

第4章　夹泥灌注桩模型试验

4.1　引言

  分布式光纤传感技术因其自动化程度高、耐腐蚀、抗电磁干扰、能实现长距离及大体积分布测量等优点，被许多学者用于桩基检测。Kister 等[109]将 16 个应力与温度监测光栅固定在灌注桩内，研究了不同埋深处灌注桩的温度与应变变化规律。宋建学等[110,111]将 BOTDR 分布式光纤技术用于灌注桩静载荷试验，研究超长桩端阻、侧阻分布情况，计算出桩身轴力，并与振弦式钢筋应力计检测结果进行对比。朴春德等[112]利用 BOTDR 技术测试钻孔灌注桩试桩的桩身轴力、侧摩阻力及桩端阻力分布情况，提出了一种基于小波分析和移动平均法的 BOTDR 检测数据频谱处理方法。施斌[113]、魏广庆[12,114]等将 BOTDR 技术用于现场桩身压缩变形的计算，推导出基于分布式应变模式下桩身变形和内力的计算公式。江宏[115]在管桩桩身应变测量中引入 PPP-BOTDA 技术，并与滑动测微计实测数据进行对比，认为 PPP-BOTDA 可作为一种新型的桩基测试技术加以推广。尹龙[116]采用 BOTDR 技术对灌注桩进行了实时、长距离的分布式监测，证实了该技术在钻孔灌注桩位移监测上的可行性。曹雪珂[117]将 BOTDR 监测技术与缺陷指标法相结合，得到了一种基于分布式光纤的桩基完整性检测缺陷指标法，并通过对比实际缺陷和有限元分析结果，验证了该方法的可行性。

  综上所述，诸多关于分布式光纤检测桩基的研究主要集中在桩身应变监测方面，通过应变来分析桩身的内力、摩阻力及桩基承载力，没有进行桩身温度的监测及分析。理论上，因缺陷桩水泥含量不等，夹泥灌注桩在水化热期间的温度分布与完整桩明显不同；又因组成材料的不同，二者桩身介质导热系数也不一样。高飞[118]将温测管与声波检测的结果进行对比，发现可以通过监测灌注桩的温度情况来评价灌注桩保护层混凝土的完整性，一定程度上弥补现有检测技术的不足与缺陷。肖衡林等[119]开展完整桩模型试验，研究了不同加热功率下桩身与空气中光纤温升规律，探讨分布式光纤测温技术用于灌注桩完整性检测的可行性，为灌注桩完整性检测开辟了新的方向，但没有对桩身某一特定缺陷进行定量分析。范萌等[120]开展夹泥灌注桩分布式光纤传感检测模型试验，研究了加热功率及含泥量对光纤温升的影响情况，但没有分析传感光纤与夹泥灌注桩的传热实质，也没有给出含泥量的定量分析表达式。

基于此，本章将建立加热后的传感光纤与桩身介质间的传热模型，推导出桩身含泥量与传感光纤温升间定量关系式，并开展夹泥桩模型试验，验证分布式光纤温度传感技术在夹泥灌注桩完整性定量检测中的可行性。

4.2 理论分析

分布式光纤温度传感检测主要通过测得的光纤温度变化来反映监测对象的物性指标。理论上，影响温度传感的指标都可以利用该技术测量，前提条件是建立温度与该物性指标之间的关系[87]。

基于分布式光纤传感技术的夹泥灌注桩检测的基本思路为：以恒定功率对埋设于灌注桩中的金属铠光纤加热，光纤通过热传导向桩体中的多孔介质传热，光纤温度的变化与其所处桩身部位的热能参数直接相关，不同含泥量桩身介质的热能参数不同，加热过程中，可以通过分布式光纤温度测量仪（DTS）监测到缺陷区光纤的温度变化异常，据此判断缺陷位置；进一步研究光纤温升与加热时间的关系，得到各测点附近桩身介质的导热系数，通过导热系数大小，对异常点处夹泥缺陷进行定量分析。

如图 4.1 所示，DTS 传感光纤由外到里分别由金属铠保护层、金属铠、涂覆层、线芯组成。金属铠直径约为 $1\sim5\text{mm}$，甚至更小，相对灌注桩而言，尺寸较小。另一方面，对金属铠所施加的功率一般为每米数瓦，热量较小。因此，在光纤加热时，只考虑影响传感光纤周围一定范围内桩身温度。加热光纤与桩身介质的传热模型如图 4.2 所示。r_1 为传感光纤金属铠的半径；T_1 为距光纤中心径向距离 r_1 处桩身介质的温度；T 为距光纤中心径向距离 r 处桩身介质的温度。

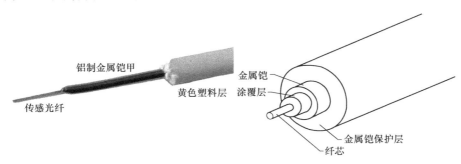

图 4.1 光纤结构示意图

对该模型作如下假设：

（1）光纤与桩身介质通过热传导方式进行热量传递，不考虑热对流和热辐射影响。

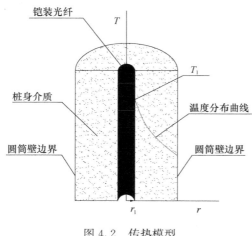

图 4.2　传热模型

（2）由于桩体缺陷，光纤沿线温度不同，导致光纤出现轴向传热。但考虑到轴向传热远远小于横向传热，可将其忽略，认为热传导仅沿光纤径向进行。且光纤长度与温度受影响的桩身介质范围相比为无限长，传热过程按柱坐标轴对称的一维问题处理。

（3）桩身介质导热系数是将传感光纤分布式测量段桩体中固相和液相看作一个整体时所表征出来的等效导热系数，同一测量段内的桩身介质导热系数均匀一致，且不随温度变化。

（4）金属铠为集中热容物体，纵横向材质均匀，导热系数一致，加热时其内部热量分布均匀，忽略光纤其他保护结构对热传导的影响，金属铠与桩身介质间无接触热阻。

光纤保护层金属铠的热导率远大于周围桩身介质热导率，当 r_1 很小时把它处理为具有集中热容的线热源。这样，图 4.2 中的导热问题转为求解在无限大介质中有一无限长常功率线热源的径向一维稳态导热问题。引入温升 θ_{rt}（加热时间为 t 时，圆筒壁内距光纤径向距离 r 处介质较加热前的温度增量），圆筒壁内温度场可以用下式来描述[87]：

$$\frac{\partial \theta}{\partial t} = a \left(\frac{\partial^2 \theta}{\partial r^2} + \frac{1}{r} \frac{\partial \theta}{\partial r} \right) \tag{4.1}$$

式中　θ——温升；

　　　　a——热扩散率，$a = \lambda / \rho c$，ρ 为圆筒壁内介质密度，c 为介质比热容，λ 为圆筒壁内桩身介质导热系数。

下面分析式（4.1）的边界条件，对其进行求解。线热源单位时间内产生的热量一部分被金属铠保护层吸收，一部分被传递到桩身介质：

$$q = Q_0 + Q_k \tag{4.2}$$

式中　q——线热源单位长度热流率（即加热功率）；

　　　　Q_0——单位时间内单位长度金属铠与桩身介质的传热量；

　　　　Q_k——单位时间内单位长度金属铠保护层自身所带热量。Q_k 的计算公式为：

$$Q_k = c_k \frac{\mathrm{d}\theta_{r_1 t}}{\mathrm{d}t} \tag{4.3}$$

式中 c_k——单位长度金属铠保护层的热容量；

r_1——传感光纤金属铠保护层的半径。

Q_0 根据圆筒壁内热流量傅里叶定律表达式得：

$$\frac{Q_0}{2\pi\lambda}\int_{r_1}^{r}\frac{\mathrm{d}r}{r}=-\int_{T_1}^{T}\mathrm{d}T \qquad (4.4)$$

式中 T_1——距光纤中心径向距离 r_1 处桩身介质的温度；

　　T——距光纤中心径向距离 r 处桩身介质的温度。对式（4.4）积分得出：

$$Q_0=-2\pi r_1\lambda\frac{\partial\theta}{\partial r}\Big|_{r=r_1} \qquad (4.5)$$

这样，式（4.1）中的边界条件满足：

$$\left.\begin{array}{ll}\theta_{r_0}=0 & (t=0)\\[2mm]-2\pi\lambda\dfrac{\partial\theta}{\partial r}\Big|_{r=r_1}+c_k\dfrac{\mathrm{d}\theta_{r_1 t}}{\mathrm{d}t}=q & (r=r_1)\\[2mm]\theta_{r_\infty}=0 & (r\to\infty)\end{array}\right\} \qquad (4.6)$$

用拉氏变换对式（4.1）求解，同时忽略金属铠的热容量，得到光纤的温升 θ_{rt}：

$$\theta_{rt}=-\frac{q}{4\pi\lambda}\Big(\gamma+\ln\frac{r^2}{4at}\Big) \qquad (4.7)$$

式中 γ——欧拉常数。

根据测温结果，得出桩体内光纤某测点在不同时刻的温升分别为 θ_{rt_1}、θ_{rt_2}，则有：

$$\theta_{rt_2}-\theta_{rt_1}=\frac{q}{4\pi\lambda}\Big[\Big(\gamma+\ln\frac{r^2}{4at_1}\Big)-\Big(\gamma+\ln\frac{r^2}{4at_2}\Big)\Big]=\frac{q}{4\pi\lambda}\ln\frac{t_2}{t_1} \qquad (4.8)$$

整理可得：

$$\theta_{rt_2}-\theta_{rt_1}=\frac{q}{4\pi\lambda}\ln(t_2-t_1) \qquad (4.9)$$

由此可见，在加热功率恒定的情况下，桩体中加热光纤的温升与加热时间的对数呈简单的线性关系，且与光纤所处桩身介质的导热系数有关。因此，只要得到桩体内加热光纤各测点在不同时刻的温升，作出温升与加热时间对数的关系曲线。根据曲线对应拟合直线的斜率，便可计算出各测点附近桩身介质的导热系数。

朱伯芳[121]认为混凝土的导热系数可以用各组成分导热系数的重量加权百分比来确定。基于此，提出灌注桩夹泥部位桩身介质导热系数计算公式：

$$\lambda = \lambda_c(1-\omega) + \lambda_s\omega + \lambda_w\omega' \tag{4.10}$$

式中　　ω、ω'——分别为桩身介质的含泥量、含水率；

$\quad\lambda_c$、λ_s、λ_w——分别为混凝土、泥、水的导热系数。在含水率相同时，夹泥缺陷处桩身介质的导热系数主要取决于其含泥量。

综合式（4.9）与式（4.10），得

$$\omega = -\frac{1}{\lambda_c - \lambda_s}\frac{q}{4\pi}\frac{\ln t_2 - \ln t_1}{\theta_{r_1 t_2} - \theta_{r_1 t_1}} + \frac{\lambda_c + \lambda_w\omega}{\lambda_c - \lambda_s} \tag{4.11}$$

式（4.11）表明，在夹泥类型、加热功率、含水率已知的条件下，通过检测段光纤温升与加热时间对数关系即可得出该处桩身介质的含泥量。当夹泥类型、含水率不同时，需对式中参数重新进行标定。式（4.11）即基于光纤检测技术的夹泥灌注桩含泥量定量分析表达式，下面开展模型试验对其进行验证。

4.3　夹泥灌注桩模型试验设计

4.3.1　模型桩的制作

本次试验共制作了五个尺寸相同的模型桩，高 0.6m、直径 0.8m；内置钢筋笼高 0.6m、直径 0.7m。各模型桩中光纤布置方式相同，均以单螺旋线状，由下至上缠绕在钢筋笼上，并用铁丝固定，每圈间距为 0.1m，光纤缠绕方式见图4.3 和图 4.4。每个模型桩中缠绕的光纤长度均为 13m，相邻模型桩间露在空气中光纤长度为 6m，各模型桩中光纤是连通的，从试验室接出，形成回路后再接回试验室。

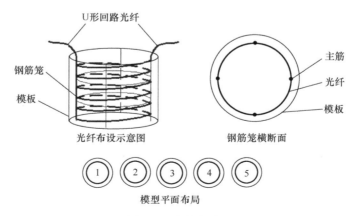

图 4.3　光纤布设图

模型桩最后成桩形式如图 4.5 所示。五个模型桩一字形排开，间距为 0.4m，从左至右依次标号为①、②、③、④、⑤。①号桩为纯混凝土桩，用 C30 混凝土直接浇注，作为标准桩进行对比；②、③、④模型桩均为夹泥混凝土桩，分别由 C30 混凝土和黏土以质量比 2∶1、1∶1、1∶2 混合均匀填灌；⑤号桩为纯泥土桩。其中 C30 混凝土配合比为 0.38∶1∶1.11∶2.72，所用黏土为湖北工业大学新图书馆地基开挖土，在拌制过程中加大量水让其尽量接近饱和状态。各模型桩材料用量见表 4.1。

图 4.4　光纤缠绕在钢筋笼上

图 4.5　模型桩成桩

桩身材料用量表　　　　　　　　　　　　　　　　表 4.1

桩号	①	②	③	④	⑤
混凝土质量∶黏土质量	1∶0	2∶1	1∶1	1∶2	0∶1
含泥量（%）	0	33.3	50.0	66.7	100.0
总质量（kg）	708	582	548	510	456
体积（m³）	0.302	0.302	0.302	0.302	0.302
密度（kg/m³）	2347.5	1927.2	1814.6	1688.7	1509.9

4.3.2　模型桩中光纤测量点的定位

在某一加热功率下，不同模型桩中光纤的温升情况会有差异，通过分析加热情况下的光纤稳定温升情况，即可对模型桩中的光纤测量点进行定位。图 4.6 为 1～9W/m 加热功率下的光纤各测点最终稳定温升曲线。温度上升较高的 6 段光纤处于空气中，较低的 5 段处于模型桩中，由于黏土的导热系数小于混凝土，黏土中光纤温升应高于混凝土中光纤温升，因此温升较低 5 段光纤从左至右依次处于⑤、④、③、②、①号模型桩中。据此，可以确定，93～105m 测量点处于①号桩中，74～86m 测量点处于②号桩中，54～66m 测量点处于③号桩中，36～48m 测量点处于④号桩中，17～29m 测量点处于⑤号桩中。

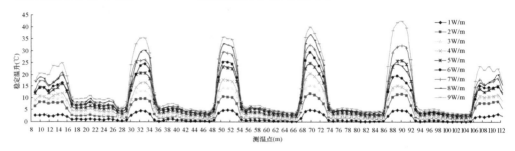

图 4.6　不同加热功率下光纤各测点最终稳定温升曲线

4.3.3　加热功率范围及加热时间的确定

为了确定合适的加热功率范围，加热功率为 1～9W/m，以 1W/m 为增量递增，可以得到不同功率下 5 个桩中光纤温升情况。通过分析测量数据发现不同功率下光纤温升有明显规律。在此，分别取 100m、81m、62m、43m、24m 测点作为①～⑤号桩的代表点进行分析。取各测量点在不同功率下的温升平均值，建立桩中光纤温升与加热时间的关系，如图 4.7～图 4.11 所示。

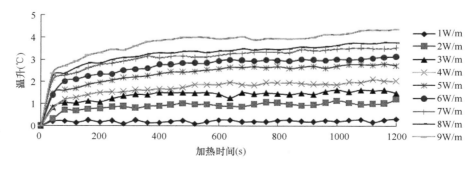

图 4.7　①号桩中 100m 处测点光纤温升随时间的变化曲线

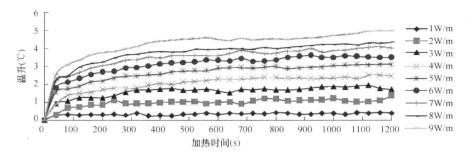

图 4.8　②号桩中 81m 处测点光纤温升随时间的变化曲线

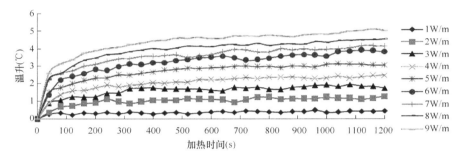

图 4.9　③号桩中 62m 处测点光纤温升随时间的变化曲线

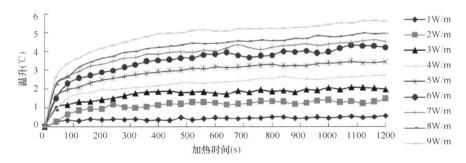

图 4.10　④号桩中 43m 处测点光纤温升随时间的变化曲线

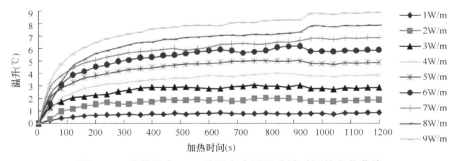

图 4.11　⑤号桩中 24m 处测点光纤温升随时间的变化曲线

从图中可以看出，不论加热功率大小，光纤的温升变化趋势大致一致，在初始阶段光纤温度增加迅速，之后光纤温度增加减缓，表现为稳中有升，最后在波动中保持稳定。可以发现 920s 左右各种功率下的光纤温升均达到稳定状态，所以可将加热时间设置为略大于 920s，本次试验设定加热时间为 1200s。

理论上，加热功率越大光纤温升越明显，但加热功率增大，对调压仪的要求越高，且耗电量大，安全性降低，势必影响试验。由图 4.7～图 4.11 可知，在加热功率 1W/m 时，①～⑤号桩光纤温升在稳定状态下分别为：0.3℃、0.4℃、0.5℃、0.6℃、0.8℃，此时温升太小，信号放大不够，易引起误差；而功率太大，能耗太高，也不安全，因此试验选取 2W/m、4W/m、6W/m、8W/m 作为加热功率值。

4.4　夹泥灌注桩模型检测与分析

4.4.1　光纤温升规律整体分析

由图 4.7～图 4.11 可知，加热功率越大光纤温升越显著，以加热时间 1200s 为例，测得的温升变化如图 4.12 所示。

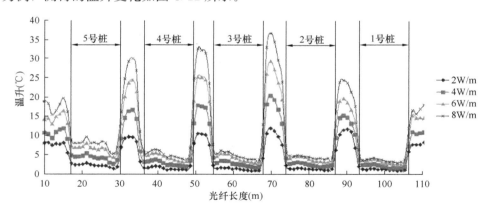

图 4.12　不同加热功率下加热 1200s 时光纤温升图

结合图 4.7～图 4.12 可以看出：

（1）在不同加热功率下，各模型桩中光纤的温升变化趋势相似，在初始阶段光纤温升增加迅速，之后在热量平衡作用下温度增加减缓，最后在波动中逐渐达到稳定。

（2）在不同加热功率下，各模型桩中监测点加热后，温升迅速增加段持续的时长不同，在小功率下光纤温升表现不明显，而随着加热功率的增加，温升增加段持续的时长增加。

（3）在较低加热功率下，温升曲线稳定段有一定波动，如 4W/m 以下的加热功率曲线即有此类现象。随着加热功率的增加，稳定段波动现象逐渐减弱，6W/m 以上的加热功率曲线稳定段波动现象消失。

（4）在每种加热功率下，空气段的温升远远高于各模型桩内的温升，且随着加热功率的增加，差值越来越大。

（5）在每种加热功率下，各模型桩内温升大小不同，温升大小依次为⑤＞④＞③＞②＞①，即温升大小随着含泥量的增加而增加。

4.4.2 加热功率与光纤温升相关性研究

图 4.12 展示了在不同的加热功率下整个观测段中光纤在加热 1200s 后的温升变化，由图中可以看出在不同的加热功率下，空气段温度上升最快。同时，也反映出加热功率对光纤温升值存在一定的相关性。为了进一步了解到两者的关系，我们取各观测段温升数据的平均值，分析各模型桩在不同功率下加热时光纤温升变化，如图 4.13～图 4.17 所示。

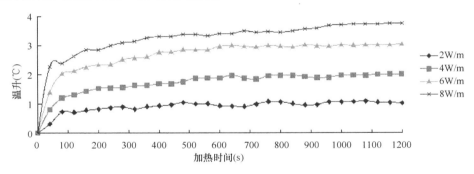

图 4.13　①号桩中光纤温升图

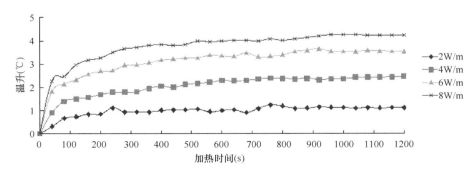

图 4.14　②号桩中光纤温升图

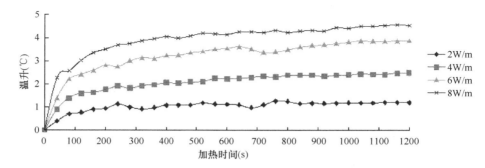

图 4.15　③号桩中光纤温升图

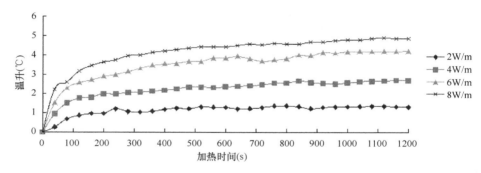

图 4.16　④号桩中光纤温升图

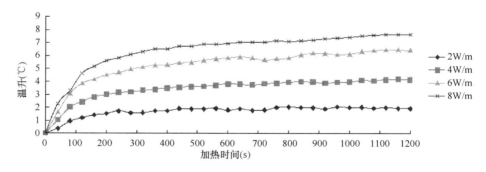

图 4.17　⑤号桩中光纤温升图

由图中可以看出：

（1）1 号桩中，加热功率为 2W/m 时，温升最高为 1.1℃；加热功率为 4W/m 时，温升最高为 2.0℃；加热功率为 6W/m 时，温升最高为 3.0℃；加热功率为 8W/m 时，温升最高为 3.7℃。

（2）2 号桩中，加热功率为 2W/m 时，温升最高为 1.2℃；加热功率为 4W/m 时，温升最高为 2.5℃；加热功率为 6W/m 时，温升最高为 3.6℃；加热功率为

8W/m 时，温升最高为 4.3℃。

（3）3 号桩中，加热功率为 2W/m 时，温升最高为 1.3℃；加热功率为 4W/m 时，温升最高为 2.6℃；加热功率为 6W/m 时，温升最高为 3.9℃；加热功率为 8W/m 时，温升最高为 4.6℃。

（4）4 号桩中，加热功率为 2W/m 时，温升最高为 1.4℃；加热功率为 4W/m 时，温升最高为 2.7℃；加热功率为 6W/m 时，温升最高为 4.2℃；加热功率为 8W/m 时，温升最高为 4.9℃。

（5）5 号桩中，加热功率为 2W/m 时，温升最高为 2.1℃；加热功率为 4W/m 时，温升最高为 4.2℃；加热功率为 6W/m 时，温升最高为 6.5℃；加热功率为 8W/m 时，温升最高为 7.7℃。

（6）不同加热功率下，⑤号桩内光纤温升稳定时均高于其他桩，即黏土桩光纤温升明显高于混凝土桩，且随着加热功率的增加，差值越来越显著。

为了更加清晰地反映出加热功率与光纤温升之间的相关性，我们根据光纤温升稳定段的数据作为最后各桩的稳定温升。由于各桩为混凝土与黏土以不同质量比例混合而成，在后面的分析中，直接以含泥量的不同代表各桩。温升数据如表 4.2 所示。

各桩在不同加热功率下的稳定温升值　　　　　　　　　　表 4.2

含泥量（%）	平均稳定温升（℃）				
	0W/m	2W/m	4W/m	6W/m	8W/m
0	0	1.053	1.982	3.016	3.741
33.3	0	1.113	2.413	3.540	4.241
50	0	1.190	2.428	3.834	4.493
66.7	0	1.328	2.648	4.181	4.835
100	0	1.998	4.101	6.338	7.560

由表 4.2 中各模型桩在不同加热功率下的稳定温升值可知：在含泥量一定的情况下，随着加热功率的增加，光纤温升值随之增大，即温升是功率的单调递增函数。采用过原点的线性函数对各含泥量情况下温升与加热功率关系曲线进行拟合，并定义拟合表达式为：

$$\Delta T = aq \tag{4.12}$$

式中　ΔT——温升，℃；

　　　q——加热功率，W/m；

　　　a——拟合相关系数。

各桩中光纤温升与加热功率关系曲线及拟合直线如图 4.18～图 4.22 所示。

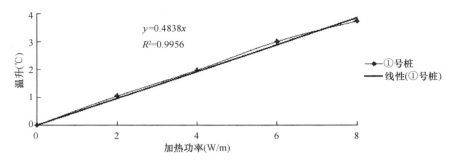

图 4.18 ①号桩中光纤温升与加热功率关系曲线及拟合直线

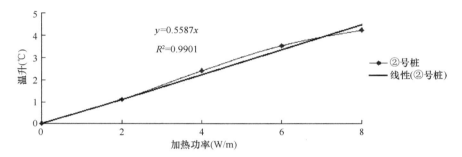

图 4.19 ②号桩中光纤温升与加热功率关系曲线及拟合直线

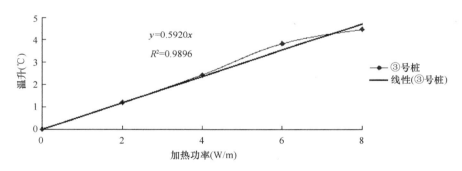

图 4.20 ③号桩中光纤温升与加热功率关系曲线及拟合直线

由拟合结果知，拟合曲线相关系数均大于 0.9869，因此可认为光纤温升值与加热功率存良好的线性关系。不同含泥量情况下，温升与加热功率之间的关系为：

含泥量为 0 时：$\Delta T = 0.4838q$

含泥量为 33.3% 时：$\Delta T = 0.5587q$

含泥量为 50.0% 时：$\Delta T = 0.5920q$

含泥量为 66.7% 时：$\Delta T = 0.6418q$

含泥量为 100 % 时：$\Delta T = 0.9909q$

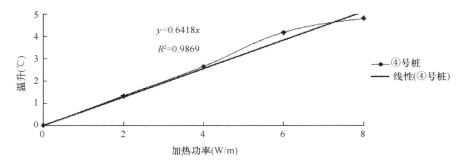

图 4.21 ④号桩中光纤温升与加热功率关系曲线及拟合直线

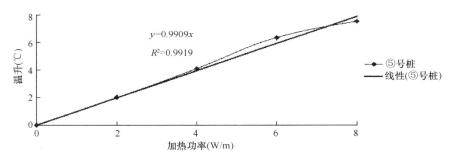

图 4.22 ⑤号桩中光纤温升与加热功率关系曲线及拟合直线

4.4.3 含泥量与光纤温升相关性研究

由表 4.2 中各模型桩在不同加热功率下的稳定温升值，还可以得到不同加热功率下光纤温升与含泥量关系曲线，如图 4.23 所示。

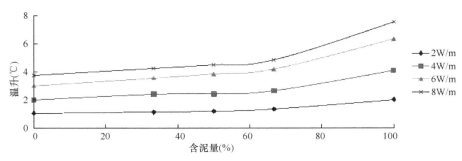

图 4.23 光纤温升与含泥量关系曲线

由图 4.23 可知：

（1）在一定加热功率条件下，温升大小随着含泥量增加而增加，其中含泥量为 100% 的黏土桩稳定温升明显大于含泥量为 0 的混凝土桩。在加热功率分别为

2W/m、4W/m、6W/m、8W/m 时，⑤号桩较①号桩稳定温升差值分别为 0.9℃、2.1℃、3.3℃、3.8℃。

（2）在一定加热功率条件下，光纤温升可分为两段，含泥量为 0～66.7% 时，温升与含泥量呈现良好的平缓直线关系，当含泥量超过 66.7% 时，温升与含泥量呈现良好的快速直线关系。

由图中可以看出⑤号桩中光纤明显大于其他模型桩，且温升趋势较其他桩有突变，在此去除⑤号桩中的温升数据，对各加热功率下夹泥混凝土中光纤温升与含泥量关系曲线进行线性拟合，如图 4.24～图 4.27 所示。

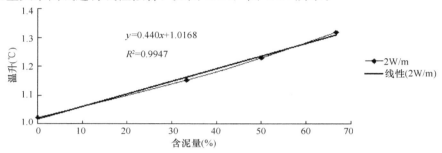

图 4.24　2W/m 加热功率下光纤温升与含泥量关系曲线及拟合直线

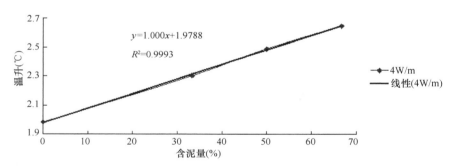

图 4.25　4W/m 加热功率下光纤温升与含泥量关系曲线及拟合直线

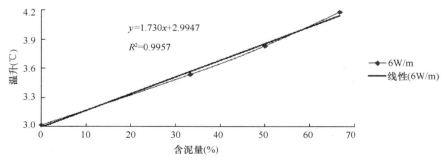

图 4.26　6W/m 加热功率下光纤温升与含泥量关系曲线及拟合直线

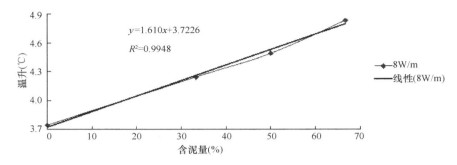

图 4.27 8W/m 加热功率下光纤温升与含泥量关系曲线及拟合直线

由拟合结果知，拟合曲线相关系数均大于 0.9947，因此可认为光纤温升值
与含泥量之间存良好的线性关系。在一定范围内，可以通过光纤温升反映灌注桩
桩身含泥量。

4.4.4 拟导热系数与含泥量相关性研究

由于各模型桩尺寸以及所处环境基本相同，且在制作过程中材料混合均匀、
振捣充分，桩身密实性较好。但在相同加热功率下，各桩温升情况有很大差异，
表明光纤温升与其所处桩身介质的结构和导热系数密切相关。

在稳定传热条件下，厚度 1m 且两侧表面的温差为 1℃的材料，在 1s 时间内通过
1m² 面积传递的热量即为该材料的导热系数，用符号 λ 表示，单位为 W/(m·K)，
它对于各观测段的温升起决定性作用。在具有稳定的内部线热源情况下，材料的
温度会随着时间而增加，并随着热源强度的增大而增加，但是增加的速率与幅度
不一样，即使同一种材料，也不会完全相同，导致这些差异出现的主要原因就是
材料的导热系数不同。不同材料的导热系数不一样，具有不同密度、含泥量、含
水量等的同一种材料的导热系数也不相同。因此，为了了解各观测段在具有稳定
内热源时的温升情况，就必须先对个观测段组成材料的导热系数进行研究，并尽
可能计算出各观测段的导热系数。

不同模型桩中的光纤温升在相同加热功率下存在明显的差异，表明桩身的导
热系数与其材料组成有关，缺陷程度不同，导热系数大小不同。本文采用线热源
法计算桩身介质的拟导热系数，由于光纤尺寸不能完全满足线热源的条件，因此
计算所得导热系数并非桩身实际导热系数，但其与桩身材料仍有良好的关联性。
由式（4.9）可知，只要得到加热光纤在桩体某一测点的不同时刻的温度，作出
光纤温度与时间对数的关系曲线，通过该曲线斜率的大小，便可以计算出桩体在
该点附近介质的拟导热系数。以加热功率 8W/m 为例，各模型桩平均温升与时
间对数关系曲线如图 4.28～图 4.32 所示。

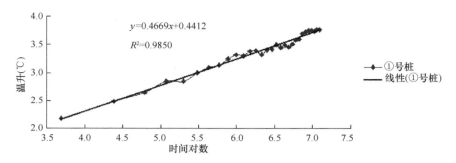

图 4.28　①号桩中光纤温升与时间对数关系曲线及拟合直线

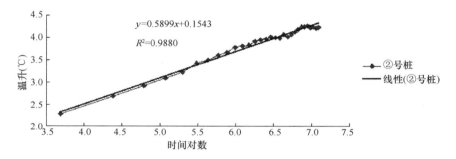

图 4.29　②号桩中光纤温升与时间对数关系曲线及拟合直线

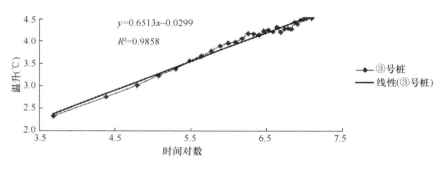

图 4.30　③号桩中光纤温升与时间对数关系曲线及拟合直线

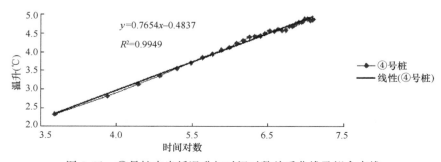

图 4.31　④号桩中光纤温升与时间对数关系曲线及拟合直线

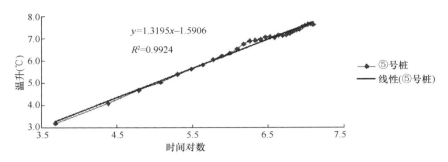

图 4.32 ⑤号桩中光纤温升与时间对数关系曲线及拟合直线

同理可建立各模型桩在不同加热功率下平均温升与时间对数关系曲线及拟合直线,将各拟合直线的斜率 k 及相关系数 R^2 汇总与表 4.3。

各拟合直线的斜率及相关系数　　　　　　　表 4.3

加热功率 (W/m)	①号桩		②号桩		③号桩		④号桩		⑤号桩	
	k	R^2	k	R^2	k	R^2	k	R^2	k	R^2
2	0.116	0.983	0.145	0.981	0.168	0.984	0.195	0.989	0.332	0.981
4	0.234	0.962	0.294	0.976	0.329	0.987	0.384	0.976	0.675	0.962
6	0.351	0.952	0.444	0.971	0.487	0.978	0.580	0.981	0.998	0.974
8	0.467	0.985	0.590	0.988	0.651	0.985	0.765	0.995	1.319	0.992

根据式 (4.9),可将表 4.3 中斜率 k 转换成拟导热系数,如表 4.4 所示。

不同加热功率下各桩拟导热系数　　　　　　表 4.4

加热功率 (W/m)	拟导热系数 [W/(m·K)]				
	①号桩	②号桩	③号桩	④号桩	⑤号桩
2	1.372	1.097	0.947	0.816	0.479
4	1.360	1.083	0.967	0.828	0.471
6	1.360	1.075	0.978	0.823	0.478
8	1.363	1.079	0.977	0.831	0.482

从上表的数据来看:

(1) 在各模型桩内,加热功率大小引起的拟导热系数的误差很小,由于试验过程中还可能存在其他误差,因此,可以认为加热功率与桩身介质的拟导热系数之间没有相关性,或者其影响可以忽略。

（2）对于桩身介质而言，含泥量是影响拟导热系数的一个重要因素，该系数随着桩身含泥量的增加而减小。

针对计算的五个模型桩在不同功率下的拟导热系数，探讨含泥量与拟导热系数之间的相关性，如图 4.33 所示。

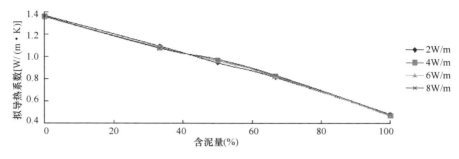

图 4.33　桩身介质拟导热系数与含泥量的关系曲线

可以看出：在各加热功率下，桩身介质拟导热系数随着含泥量的增加而降低；在各模型桩内，加热功率大小对拟导热系数所导致的偏差很小，可忽略不计。由此，对各加热功率下桩身拟导热系数与含泥量关系曲线进行线性拟合，研究两者之间的线型关系。如图 4.34～图 4.37 所示。

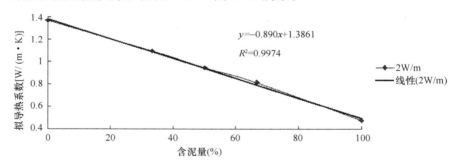

图 4.34　加热功率 2W/m 时桩身介质拟导热系数与含泥量的关系曲线及拟合直线

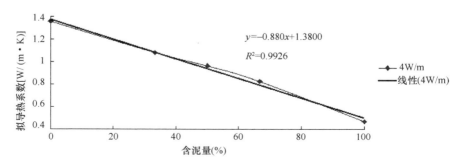

图 4.35　加热功率 4W/m 时桩身介质拟导热系数与含泥量的关系曲线及拟合直线

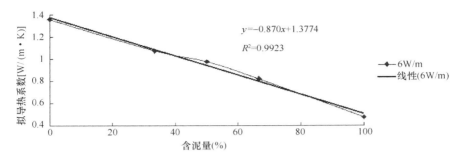

图 4.36　加热功率 6W/m 时桩身介质拟导热系数与含泥量的关系曲线及拟合直线

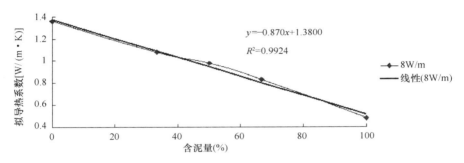

图 4.37　8W/m 加热功率下桩身介质拟导热系数与含泥量的关系曲线及拟合直线

由拟合结果知，拟合曲线相关系数均大于 0.9923，因此，在一定含水率条件和加热功率范围内，可认为桩身介质拟导热系数与含泥量之间存在良好的线性关系。在一定范围内，可以通过拟导热系数反映灌注桩桩身含泥量。

4.5　本章小结

本章介绍了分布式光纤测温技术的灌注桩基检测原理。设计制作了含泥量分别为 0、33.3%、50%、66.7%、100% 的 5 种夹泥桩，采用合适的加热功率和加热时间，对不同夹泥桩的光纤温升进行测量，得出各模型桩中光纤在不同功率下加热后的不同测量时刻的温升变化情况，并通过线热源法计算出各模型桩的桩身拟导热系数，得出如下结论：

（1）通过设计模型试验，验证了分布式光纤测温技术用于夹泥灌注桩完整性检测的可行性，为桩基检测提供了新的检测手段。

（2）在各模型桩中，光纤温升随着加热功率的增加而增加，两者之间具有良好的线性关系。

（3）在各加热功率下，光纤温升随着含泥量的增加而增加，以含泥量 60%

为分界点，呈现先缓后快的增加规律。

（4）从得到的桩身介质拟导热系数结果可以看出，本试验所用加热功率对桩身介质拟导热系数计算误差的影响可以忽略；且桩身拟导热系数随着含泥量的增加而减小。

第5章　离析灌注桩模型试验

5.1　引言

目前，国内已有相关研究人员对离析桩的检测进行了研究，如高景宏、赵红利用低应变动测法检测大直径灌注桩混凝土离析缺陷[122]。目前的研究成果还不能完全满足离析桩检测的需要，仍存在一些问题亟待解决。肖衡林，雷文凯等[80,122]提出应用分布式光纤测温技术检测灌注桩缺陷，并进行了系列模型试验及现场试验。目前的研究仍处于基础研究阶段，要想规范该技术来实现对灌注桩基质量的定性定量检测，还需要在理论和试验上进行大量的研究和积累。

本章在前期研究基础之上，通过制作不同离析程度的灌注桩试验模型，采用分布式光纤温度传感技术对离析桩热传导过程中的温升进行检测，定量分析加热功率与光纤温升及离析程度的关系，为基于分布式光纤测温技术灌注桩离析检测的工程实践提供参考。

5.2　离析灌注桩模型试验设计

5.2.1　模型桩的制作

试验设计了三组模型桩，桩高500mm，直径400mm。其中①号桩为混凝土桩，采用C30混凝土填灌，作为标准桩。②、③号桩均为离析桩，采用在混凝土中加入一定量的水提高水灰比的方式制作。其中C30混凝土配合比为：水：水泥：砂：石＝0.38：1：1.11：2.72。桩内置钢筋笼，钢筋保护层厚度为50mm。

①号桩采用纯混凝土填灌、捣实、表面磨平；②号和③号桩均为模拟的离析桩，采用在混凝土中加入一定量的水来提高水灰比的方式制作，制作中用电子秤量得相应比例重量的混凝土和水后放在搅拌盒中搅拌均匀，再将其填灌、捣实、表面磨平。在制作好的试验模型上覆盖塑料布，注意养护。各模型桩材料用量见表5.1。

	桩身材料用量表		表 5.1
模型桩号	①	②	③
水灰比	0.38	0.48	0.58
总质量（kg）	150	146	142
体积（m³）	0.063	0.063	0.063
密度（kg/m³）	2380	2317.460	2253.968

5.2.2　模型桩强度计算

　　混凝土离析的原因很多，比如浇注振捣不当、水灰比过大、粗骨料粒径大、减水剂掺量大等，在本试验中选择改变混凝土的水灰比来制造离析桩。由于离析会使混凝土强度大幅度下降，严重影响混凝土结构承载能力，破坏结构的安全性能，因此在设计模型中混凝土的水灰比时，先计算其强度，判断设计的水灰比是否会造成离析中的强度不足。

　　本试验中设计模型桩的水灰比为：0.38、0.48、0.58，各桩的材料配比（质量比）如表 5.2 所示。

	桩身材料配比表		表 5.2	
桩号	水泥	水	砂	石
1	1	0.38	1.11	2.72
2	1	0.48	1.11	2.72
3	1	0.58	1.11	2.72

　　引入混凝土配置强度公式：

$$f_{cu,0} \geqslant f_{cu,k} + 1.645\sigma \tag{5.1}$$

式中，$f_{cu,0}$ 是混凝土配置强度；$f_{cu,k}$ 是混凝土立方体抗压强度标准值；σ 是混凝土强度标准差（C30 混凝土标准差为 5.0）。

　　引入水灰比计算公式：

$$W/C = \alpha_a \cdot f_{ce} / (f_{cu,0} + \alpha_a \cdot \alpha_b \cdot f_{ce}) \tag{5.2}$$

式中，$f_{cu,0}$ 是混凝土配置强度；f_{ce} 是水泥 28d 的实测强度（$f_{ce} = \gamma_c \cdot f_{ce,g}$）；$\gamma_c$ 是水泥强度等级值的富余余数，取 1.13；α_a、α_b 是回归系数（采用碎石：$\alpha_a = 0.46$，$\alpha_b = 0.07$）。

　　根据设计水灰比，计算混凝土配置强度如下：

$$f_{ce} = \gamma_c \cdot f_{ce,g} = 1.13 \times 32.5 = 36.725 \text{MPa}$$

　　① 号桩中设计水灰比为 0.38，则：

$$\frac{W}{C} = \frac{\alpha_a \cdot f_{ce}}{f_{cu,0} + \alpha_a \cdot \alpha_b \cdot f_{ce}} = \frac{0.46 \times 36.725}{f_{cu,0} + 0.46 \times 0.07 \times 36.725} = 0.38$$

得出：$f_{cu,0} = 43.274$MPa

由于 $f_{cu,k} + 1.645\sigma = 30 + 1.645 \times 5 = 38.225$MPa，则满足 $f_{cu,0} > f_{cu,k} + 1.645\sigma$，即正常桩段混凝土配置强度符合要求。

② 号桩中设计水灰比为 0.48，则：

$$\frac{W}{C} = \frac{\alpha_a \cdot f_{ce}}{f_{cu,0} + \alpha_a \cdot \alpha_b \cdot f_{ce}} = \frac{0.46 \times 36.725}{f_{cu,0} + 0.46 \times 0.07 \times 36.725} = 0.48$$

得出：$f_{cu,0} = 34.012$MPa，导致 $f_{cu,0} < f_{cu,k} + 1.645\sigma$，即混凝土配置强度不足。

③ 号桩中设计水灰比为 0.58，则：

$$\frac{W}{C} = \frac{\alpha_a \cdot f_{ce}}{f_{cu,0} + \alpha_a \cdot \alpha_b \cdot f_{ce}} = \frac{0.46 \times 36.725}{f_{cu,0} + 0.46 \times 0.07 \times 36.725} = 0.58$$

得出：$f_{cu,0} = 27.944$MPa，导致 $f_{cu,0} < f_{cu,k} + 1.645\sigma$，即混凝土配置强度严重不足。

经计算，①号桩为正常水灰比，满足混凝土的强度要求；②号桩与③号桩设计的水灰比异常，将会造成混凝土的强度不足，也会造成灌注桩缺陷。

5.2.3 光纤传感器的埋设

为提高桩身中光纤的布置长度与光纤传感器的分辨率，将光纤以单螺旋线状由下至上缠绕在钢筋笼上，并用扎丝固定，每圈间距为 0.1m，如图 5.1 所示。

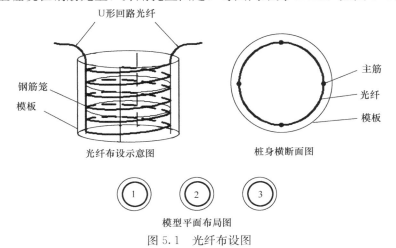

图 5.1 光纤布设图

将布设好的光纤分别接入 DTS 测温仪的两个端口，检测其通畅性后开始进行混凝土的浇注。浇注完成后的模型桩如图 5.2 所示。

通过对空气中光纤指定点进行多次加热，确定埋设于模型桩内光纤的空间测量点的具体位置，经定位可知：45～52m 测量点处于①号桩、55～62m 测量点处于②号桩、65～72m 测量点处于③号桩中。

图 5.2　模型桩浇注完成图

5.2.4　加热功率范围及加热时间的确定

为了确定合适的加热功率范围，加热功率为 1～9W/m，以 1W/m 为增量递增，可以得到不同功率下 3 个桩中光纤温升情况。通过分析测量数据发现不同功率下光纤温升有明显规律。取桩中各测量点在不同功率下的温升平均值，建立桩中光纤温升与加热时间的关系，如图 5.3～图 5.5 所示。

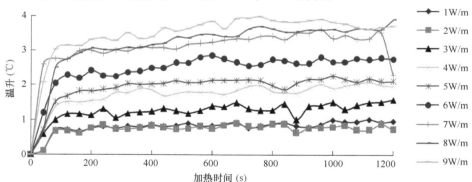

图 5.3　①号桩中 48m 处测点光纤温升随时间的变化曲线

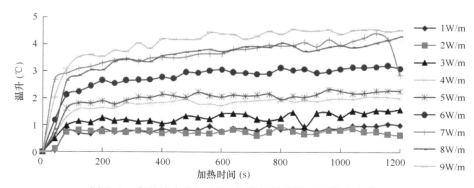

图 5.4　②号桩中 58m 处测点光纤温升随时间的变化曲线

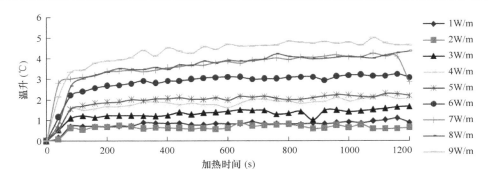

图 5.5　③号桩中 68m 处测点光纤温升随时间的变化曲线

从图中可以看出，不论加热功率大小，光纤的温升变化趋势大致一致，在初始阶段光纤温度增加迅速，之后光纤温度增加减缓，表现为稳中有升，最后在波动中保持稳定。可以发现920s左右各种功率下得光纤温升均达到稳定状态，所以可将加热时间设置为略大于920s，本次试验设定加热时间为1200s。

可以看出在稳定时1W/m加热功率下温升太小，此时信号放大不够，容易引起误差；理论上，加热功率越大越好，但加热功率增大对调压仪要求很高，且耗电量大、安全性降低，势必会影响试验，且功率每增加1W/m时，光纤温升改变量并不非常明显，因此本试验选取2W/m、4W/m、6W/m、8W/m作为加热功率试验值。

5.3　离析灌注桩模型检测与分析

5.3.1　光纤温升规律整体分析

由图5.3～图5.5可知，加热功率越大光纤温升越显著，以加热1200s时为例，测得的温升变化如图5.6所示。

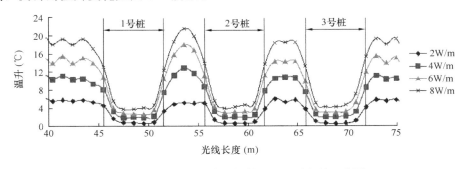

图 5.6　不同加热功率下加热 1200s 时光纤温升图

结合图 5.3～图 5.6 可以看出：

（1）在不同加热功率下，各模型桩中光纤的温升变化趋势相似，在初始阶段光纤温升增加迅速，之后在热量平衡作用下温度增加减缓，最后在波动中逐渐达到稳定。

（2）在不同加热功率下，各模型桩中监测点在加热后，温升迅速增加所持续的时间不同，在小功率下光纤温升表现不明显，而随着加热功率的增加，温升增加持续的时间变长。

（3）在较低加热功率下，温升曲线稳定段有一定波动，如 4W/m 以下的加热功率曲线。随着加热功率的增加，波动现象逐渐减弱，6W/m 以上的加热功率的曲线波动现象消失。

（4）在每种加热功率下，空气段的温升远远高于各模型桩内的温升，且随着加热功率的增加，差值越来越大。

（5）在每种加热功率下，各模型桩内温升大小不同，温升大小依次为③＞②＞①，即温升大小随着水灰比增加而增加。

5.3.2　加热功率与光纤温升相关性研究

图 5.6 展示了在不同的加热功率下整个观测段中光纤在加热 1200s 后的温升变化，由图中可以看出在不同的加热功率下，空气段温度上升最快。同时，也反映出加热功率对光纤温升值与有着很大的影响。为了进一步了解二者的关系，取各观测段温升数据的平均值，分析各桩在不同功率下加热时光纤温升变化，如图 5.7～图 5.9 所示。

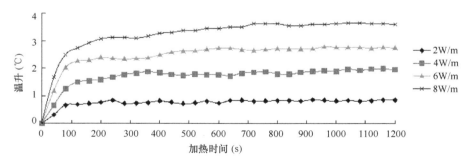

图 5.7　①号桩中光纤温升图

由图中可以看出：

（1）在每个观测段，不论加热功率大小，光纤的温升曲线明显分为两个阶段：第一个阶段为快速升温段，持续约 200s，在这个阶段，光纤温度增加迅速；第二个阶段为稳定上升期，200s 之后，光纤温度增加减缓，表现为稳中有升，

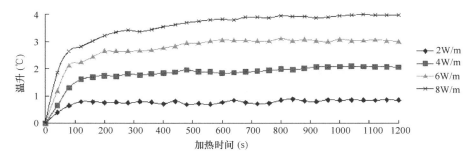

图 5.8 ②号桩中光纤温升图

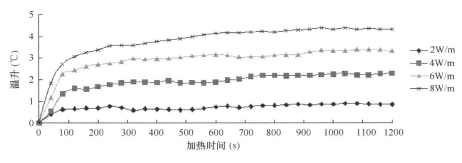

图 5.9 ③号桩中光纤温升图

最后保持稳定。

（2）在每个观测点，不论加热功率大小，停止加热后，即图示 1200s 时，光纤的温升曲线明显分为两个阶段：第一个阶段为快速降温段，持续约 200s，在这个阶段，光纤温度增速降低；第二个阶段为稳定降温期，在 1400s 之后，光纤温度增加减缓，表现为稳中有降，最后保持稳定。

（3）1 号桩中，当加热功率为 2W/m 时，最高温升为 0.9℃；当加热功率为 4W/m 时，最高温升为 2.0℃；当加热功率为 6W/m 时，最高温升为 2.8℃；当加热功率为 8W/m 时，最高温升为 3.7℃。

（4）2 号桩中，当加热功率为 2W/m 时，最高温升为 0.9℃；当加热功率为 4W/m 时，最高温升为 2.1℃；当加热功率为 6W/m 时，最高温升为 3.1℃；当加热功率为 8W/m 时，最高温升为 4.0℃。

（5）3 号桩中，当加热功率为 2W/m 时，最高温升为 0.9℃；当加热功率为 4W/m 时，最高温升为 2.3℃；当加热功率为 6W/m 时，最高温升为 3.4℃；当加热功率为 8W/m 时，最高温升为 4.4℃。

为了更加清晰地反映出加热功率对光纤温升的影响，我们将光纤温升稳定段的数据作为最后各桩的稳定温升。由于各桩为不同水灰比制成，在后面的分析中，直接以水灰比的不同代表各桩。温升数据如表 5.3 所示。

各桩在不同加热功率下的稳定温升值　　　　表 5.3

水灰比	平均稳定温升（℃）				
	0W/m	2W/m	4W/m	6W/m	8W/m
0	0	0	0	0	0
0.38	0	0.841	1.951	2.765	3.629
0.48	0	0.855	2.080	3.042	3.972
0.58	0	0.872	2.250	3.351	4.365

由表 5.3 中各模型桩在不同加热功率下的稳定温升值可知：在水灰比一定的情况下，随着加热功率的增大，光纤温升值随之增大，即温升是功率的单调递增函数。采用过原点的线性函数对各水灰比情况下温升与加热功率关系曲线进行拟合，并定义拟合表达式为：

$$\Delta T = aq \tag{5.3}$$

式中，ΔT 是温升，℃；q 是加热功率，W/m；a 是拟合相关系数。

各桩中光纤温升与加热功率关系曲线及拟合直线如图 5.10～图 5.12 所示。

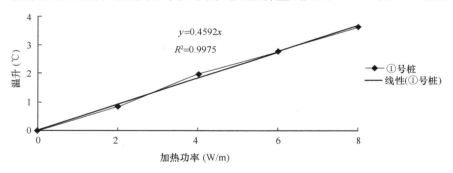

图 5.10　①号桩中光纤温升与加热功率关系曲线及拟合直线

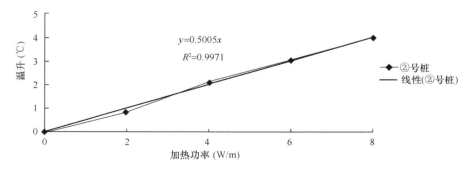

图 5.11　②号桩中光纤温升与加热功率关系曲线及拟合直线

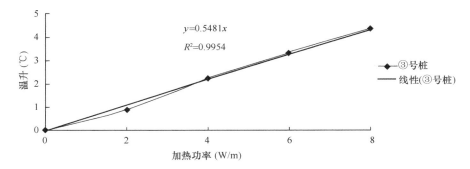

图 5.12 ③号桩中光纤温升与加热功率关系曲线及拟合直线

由拟合结果知，拟合曲线相关系数均大于 0.9971，因此可认为光纤温升值与加热功率存良好的线性关系。不同水灰比情况下，温升与加热功率之间的关系为：

在水灰比为 0.38 情况下：$\Delta T = 0.4592q$

在水灰比为 0.48 情况下：$\Delta T = 0.5005q$

在水灰比为 0.58 情况下：$\Delta T = 0.5481q$

5.3.3 离析程度与光纤温升相关性研究

由表 5.3 中各模型桩在不同加热功率下的稳定温升值，还可以得到不同加热功率下光纤温升与水灰比关系曲线，如图 5.13 所示。

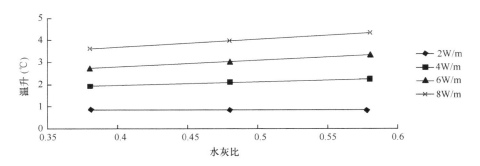

图 5.13 光纤温升与水灰比关系曲线

由图 5.13 可以看出：

（1）在各种加热功率下，光纤温升随着水灰比（离析程度）的增加而增大。在加热功率分别为 2W/m、4W/m、6W/m、8W/m 时，③号桩与①号桩稳定温升差值分别为 0.03℃、0.30℃、0.59℃，③号桩与②号桩稳定温升差值分别为 0.02℃、0.17℃、0.39℃。

（2）随着加热功率增加，不同离析程度下的温升差值越来越大。由此可见，离析导致了温度的异常，且随着加热功率的增加，该异常被放大。

采用线性函数对各种加热功率下各桩中光纤温升与水灰比关系曲线进行拟合，如图 5.14～图 5.17 所示。

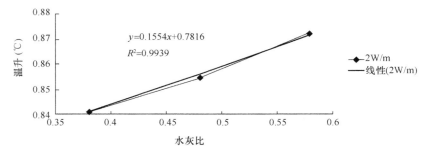

图 5.14　加热功率为 2W/m 时光纤温升与水灰比关系曲线及拟合直线

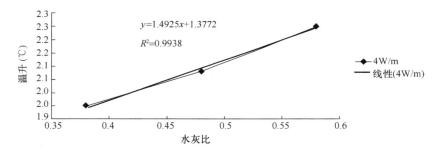

图 5.15　加热功率 4W/m 时光纤温升与水灰比关系曲线及拟合直线

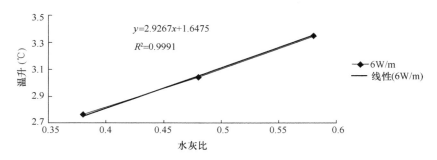

图 5.16　6W/m 加热功率下光纤温升与水灰比关系曲线及拟合直线

由图 5.14～图 5.17 可以看出，各加热功率下光纤温升与水灰比之间有很好的线性曲线，在一定范围内，可以通过光纤温升反映桩身的水灰比。

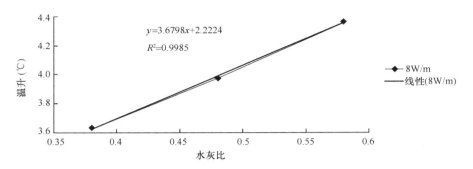

图 5.17　加热功率 8W/m 时光纤温升与水灰比关系曲线及拟合直线

5.4　本章小结

本章设计了水灰比分别为 0.38、0.48、0.58 的 3 种离析泥桩，采用合适的加热功率和加热时间，对不同离析桩的光纤温升进行测量，得出各模型桩中光纤在不同功率下加热后的不同测量时刻的温升变化情况，得出如下结论：

（1）通过设计模型试验，验证了分布式光纤测温技术用于离析灌注桩完整性检测的可行性，为桩基检测提供了新的检测手段。

（2）在各模型桩中，光纤温升随着加热功率的增加而增加，两者之间具有良好的线性关系。

（3）在各加热功率下，光纤温升随着水灰比（离析程度）的增加而增加，两者之间具有良好的线性关系。

第6章　断桩灌注桩模型试验

6.1　引言

灌注桩由于其适应性强、承载力高、稳定性好等优点被广泛应用于基础工程中，但在施工中因受地质条件、设备技术及施工材料等因素影响，容易出现各种缺陷，给施工质量与工期造成严重影响[123]。

断桩是灌注桩中常见的缺陷形式之一，属于严重质量事故。造成这种缺陷的原因主要有以下几个方面：①在混凝土灌注过程中，已灌混凝土表面标高测定错误，导致导管埋深过小，出现拔脱提漏现象，形成夹层断桩；②灌注过程中导管埋深过大以及灌注时间过长，会导致已灌混凝土流动性降低，增大混凝土与导管壁的摩擦力，在提升时容易出现连接螺栓拉断或导管破裂而产生断桩；③卡管；④坍塌；⑤导管漏水、机械故障和停电等，造成施工不能连续进行，或者井中水位突然下降等因素也可能造成断桩[124-126]。因此，需认真检查灌注前的准备工作，在施工初期清除可能诱发断桩的隐患；同时，施工完成后，需要对桩基进行检测，及时发现问题并采取相应补救措施。

分布式光纤测温技术以其高精度、抗干扰、长距离、能长期在线监测等优势受到了关注[127,128]。在此前，研究人员曾利用光纤测温技术研究了不同程度含泥量时夹泥灌注桩的温升规律，本章在此基础上通过断桩模型试验，采用光纤测温技术，对桩基进行定性定量检测，为基于光纤测温技术的桩基检测研究积累经验。

6.2　检测原理

基于光纤测温技术的断桩模型试验检测原理为：通过在桩身布设传感光纤使得传感光纤与桩身温度一致，利用光纤测温仪监测布设在桩中的传感光纤在不同时刻的温度，同时采用调压仪对光纤金属铠保护层加热，由于光纤温度增加与环境热能以及传导介质直接相关，如果发生断桩，则该段温度分布会与其他桩段不同，即表现异常，且在加热过程中，该异常会被放大，由此可对该段缺陷进行判断。

6.3 断桩灌注桩模型试验设计

6.3.1 模型桩的制作

模型桩高 500mm，直径 400mm，采用 C30 混凝土填灌，在中部 100mm 范围采用黏土填灌，用以将上下层混凝土分离，模拟断桩缺陷。其中 C30 混凝土配合比为：水：水泥：砂：石＝0.38：1：1.11：2.72。桩内置钢筋笼，钢筋保护层厚度为 50mm。光纤以单螺旋线状由下至上缠绕在钢筋笼上并用扎丝固定，每圈间距为 0.1m。钢筋笼内侧布置两根声测管，声测管长 1m，其中 0.5m 随桩身埋入混凝土中，0.5m 裸露于空气中。模型桩及光纤布设如图 6.1 所示。

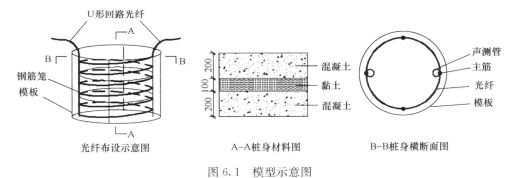

图 6.1　模型示意图

将布设好的光纤分别接入测温仪的两个端口，检测其通畅性后开始进行混凝土的浇注。通过对空气中光纤指定点进行多次加热，确定布设于模型桩内光纤空间测量点的具体位置，经定位可知：76～82m 测点处于模型桩中，其中 79m 测点周围为夹泥段。

6.3.2 加热功率范围与加热时间的确定

为了确定合适的加热功率范围，首先进行了温度调试：加热功率为 1～9W/m，以 1W/m 为增量递增。取模型桩中 77m 测点在不同功率下加热的温升数据，分析该点处光纤温升与加热时间的关系，如图 6.2 所示。

由图 6.2 可以看出，不论加热功率大小，光纤的温升曲线明显分为三个阶段：第一个阶段为快速升温段，持续时间随着加热功率变化而变化，在这个阶段，光纤温升增加迅速；第二个阶段为稳定上升期，该阶段光纤温升增加减缓，表现为稳中有升；第三个阶段为稳定段，在加热 1000s 左右，光纤温升在波动中保持稳定。由此，应将试验加热时间设置为略大于 1000s，本试验中设定加热时

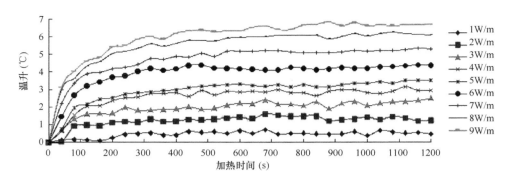

图 6.2　77m 处光纤温升与时间变化曲线

间为 1200s。

　　在第三阶段，可以看出在稳定时 1W/m 加热功率下温升太小，此时信号放大不够，容易引起误差；理论上，加热功率越大越好，但加热功率增大对调压仪要求很高，且耗电量大、安全性降低，势必会影响试验，且功率每增加 1W/m 时，光纤温升改变量并不非常明显，因此本试验选取 3W/m、6W/m、9W/m 作为加热功率试验值。

6.4　断桩灌注桩模型检测与分析

6.4.1　光纤温升规律整体分析

　　由定位可知：76~82m 测点处于模型桩中，其中 76~78m 测点处于下部混凝土段、79m 测点处于夹泥段、80~82m 测点处于上部混凝土段。在此，分别取 78m、79m、80m 测点作为桩内三层材料的代表点进行分析。图 6.3~图 6.5 分别为三个测点在不同加热功率下光纤温升随时间变化曲线。

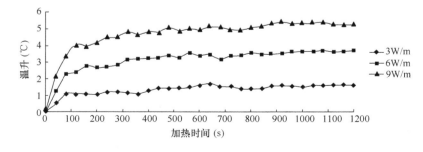

图 6.3　78m 处测点光纤温升随时间变化曲线

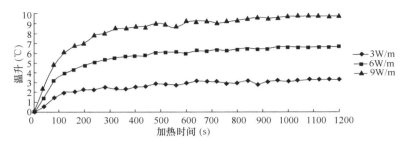

图 6.4　79m 处测点光纤温升随时间变化曲线

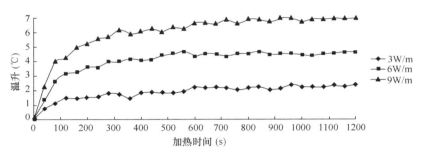

图 6.5　80m 处测点光纤温升随时间变化曲线

由图 6.3～图 6.5 可以看出：

（1）在不同加热功率下，模型桩中各测点光纤温升变化趋势大体一致，在加热初期光纤温升迅速增加，之后在热量平衡作用下温升增加减缓，最后在波动中慢慢达到稳定。

（2）在不同加热功率下，模型桩中各测点在加热后，温升迅速增加所持续的时间不同，在小功率下光纤温升表现不明显，而随着加热功率的增加，温升增加持续时间变长。

（3）在加热功率为 3W/m、6W/m、9W/m 时，78m 处测点光纤温升分别稳定在 1.7℃、3.8℃、5.5℃；79m 处测点光纤温升分别稳定在 3.3℃、6.6℃、9.7℃；80m 处测点光纤温升分别稳定在 1.9℃、4.1℃、6.3℃。

（4）在不同加热功率下，模型桩内 79m 处测点光纤温升稳定时均高于其他测点，即黏土段光纤温升明显高于混凝土段，且随着加热功率的增加，差值越来越显著。

（5）随着加热功率的增加，模型桩内各测点光纤温升随之增大。

6.4.2　加热功率与光纤温升相关性研究

由图 6.3～图 6.5 可知，随着加热功率增加光纤温升随之增大，为了更加清晰地研究加热功率对光纤温升影响，选取加热时间为 1040～1200s 的温升进行分析，将 1040s、1080s、1120s、1160s、1200s 的温升平均值作为最后稳定温升。模型桩两端测点接近外界，温度受到大气影响，因而将这两点去除。由此得到光纤温升与加热功率的关系曲线，如图 6.6 所示。

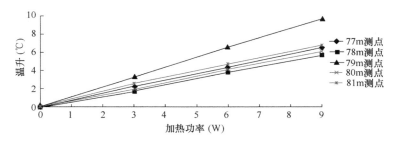

图 6.6　光纤温升与加热功率关系曲线

由图 6.6 可知，温升是功率的单调递增函数。采用过原点的线性函数对各监测点光纤温升与加热功率关系曲线进行拟合，并定义拟合表达式为：$\Delta T=aI$，其中，ΔT 为温升；I 为加热功率；a 为拟合相关系数。由拟合结果知，拟合曲线相关系数均大于 0.9964，因此可认为光纤温升值与加热功率存在良好的线性关系。

6.4.3　夹泥断桩与光纤温升相关性研究

由图 6.6 可以看出，黏土段的 79m 测点处光纤温升明显高于其他测点，而混凝土段的 77m、78m、80m、81m 测点间温升差值相对较小。取图 6.6 中混凝土段 77m 测点与黏土段 79m 测点稳定温升数据分析，如图 6.7 所示。

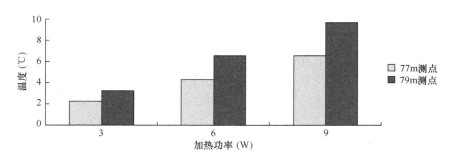

图 6.7　光纤温升对比图

由图 6.7 可以看出：

（1）在加热功率为 3W/m、6W/m、9W/m 时，模型桩中黏土段（79m 位置测点）的稳定温升均大于混凝土桩内（78m 位置测点）的稳定温升，其差值分别为 1.0℃、2.3℃、3.1℃。

（2）随着加热功率增加，模型桩黏土段与混凝土段稳定温差值越来越大。

由此可见，夹泥导致了温度的异常，其原因为黏土的导热系数较小，黏土带走光纤热量小于混凝土带走的热量，因此在加热过程中，表现为黏土段光纤温升高于混凝土段。由此可通过温度的差异来判断桩体缺陷。

6.5 本章小结

本章制作了夹泥断桩模型，采用合适的加热功率和加热时间，对不同离析桩的光纤温升进行测量，得出各模型桩中光纤在不同功率下加热后的不同测量时刻温升变化情况，得出如下结论：

（1）通过模型试验，验证了分布式光纤测温技术用于断桩检测的可行性，为桩基检测提供了新的检测手段。

（2）试验中，夹泥段光纤温升明显高于其他监测段，因此在加热过程中，若发现桩内光纤温升突然升高，可对其缺陷进行判断。

（3）在整个模型桩中，光纤温升随着加热功率的增加而增加，两者之间具有良好的线性关系。

第三篇　数值模型试验研究

第 7 章　缩颈桩数值模型试验

7.1　引言

桩身缩径缺陷，指在桩长范围内部分桩体直径小于设计直径。桩身缩径缺陷的存在，将对桩基承载特性产生一定的影响，随着缩径程度加大，桩基竖向承载力急剧减小，如果缩径出现在桩体浅部，桩体横向承载力也会减小，另外缩径还有可能降低桩体的抗震性能。

本章将应用数值模型试验研究缩颈桩缺陷的热传导特征，为 DTS 检测缩颈桩缺陷提供指导。

7.2　检测原理

灌注桩内植热源缺陷检测原理是在热法桩身完整性测试-TIP（Thermal Integrity Profiler）的基础上提出的，其中前者是通过内植热源改变桩身温度场，可以在工后进行连续测试，后者是利用水泥凝固过程中水化放热改变桩身温度场，主要用于检测混凝土水化放热过程中温度特征。

（1）桩身热法完整性测试原理

在桩身中预埋测温电缆，利用混凝土水化反应发热原理，桩身混凝土浇注初期测量并记录沿桩深度方向的温度。温度高低与混凝土用量和质量（是否存在缺陷）存在相关关系，根据温度绝对值与温度沿桩身的相对差异来分析和判断桩身混凝土浇注是否均匀，桩身是否完整，钢筋笼放置是否偏心，钢筋保护层厚度等。

（2）灌注桩内植热源检测缺陷原理

通常，不同的构筑物材料会具有不同的热力学参数，当给构筑物的外表或内部进行加热时，构筑物的温度场会因构筑物材料不同而具有不同的温度特征。我们一般将灌注桩视为由固体、液体、气体三种介质组成的多孔材料，由于桩身缺陷存在，当采用加热系统对灌注桩内植的光纤金属铠进行加热时，不同桩身材料因其导热系数的差异，光纤沿线的温度场会有所不同，类似于混凝土水化放热过程中的温度场，加热金属铠后，放大后的缺陷桩温度场能更清晰地反映桩身缺陷的位置及类型。加热一段时间后，光纤周围的混凝土将达到新的热量平衡，光纤周围形成了新的温度场。

7.3 基本假定

缩颈桩模型的建立满足以下假设条件:

(1)该模型为灌注桩的温度场模型,桩基实体中的钢筋实体对网格划分不利且其实体尺寸相对桩基实体尺寸差异较大,钢筋实体对桩基温度场影响较小,可将钢筋实体与桩基实体的导热率取平均值,简化为均质钢筋混凝土。

(2)设灌注桩、光纤、金属铠、保护层及桩周土为均质各向同性材料,物性参数不随温度和时间的变化而变化。

(3)将灌注桩与桩周土壤视为固体,不考虑灌注桩与土壤间的接触热阻,视为纯导热。

(4)假定灌注桩模型保护层厚度为50mm,将两根传感光纤固定在对称分布的钢筋笼主筋上。

7.4 模型参数

用 ANSYS 模拟桩土体在稳态及瞬态温度荷载作用下的温度场时,需要根据现场的钻孔资料确定测试桩所在地的土体厚度和土体相关热力学参数,包括材料的导热系数 λ、比热容 C 及密度 ρ。土体厚度是数值模拟的重要几何参数,直接影响数值模型的空间分布和桩土间热交换关系,同时影响温度的传导速率和桩土体达到稳态的时间。由于在瞬态温度场分析中主要考虑温度在不同介质中的传导效率,土体和桩体材料的导热率和比热容直接影响热传导速率。

分别模拟完整桩和缩颈桩在稳态及瞬态温度荷载作用下的温度场。在模拟过程中,需要用到的热力学参数见表 7.1。

	模拟模型热力学参数		表 7.1
材料	密度 ρ (kg/m³)	导热系数 λ [W/(m·K)]	比热容 C [J/(kg·℃)]
钢筋混凝土	2385	1.74	970
金属铠	7850	58.2	460
保护层	1380	0.28	2300
土壤	2000	1.16	1010
光纤	2330	1.38	745

7.5　模型建立

（1）几何模型

如图 7.1 所示，本模型将缺陷桩的缩颈部分分为四层，每层厚度均为100mm，图 7.1（a）为缺陷桩去掉缺陷部位后的桩体，图 7.1（b）为缺陷桩的缺陷部分及测温光纤示意图，图 7.1（c）为缺陷桩的缺陷部位的分层介绍。四种不同程度缩颈的组合见表 7.2。

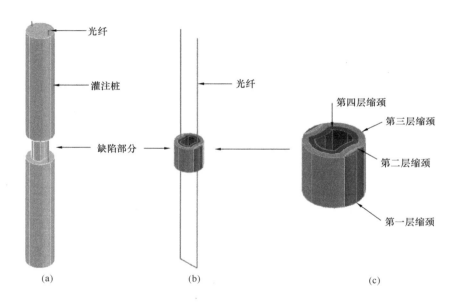

图 7.1　灌注桩几何模型

（a）桩体；（b）缩颈部分（c）缩颈部分细节

缺陷桩不同程度缩颈组合　　　　　　　　　　表 7.2

编号	缩颈总层数	缩颈组合	缩颈总厚度（mm）
工况 1	0	无	0
工况 2	1	第一层	50
工况 3	2	第一、二层	100
工况 4	3	第一、二、三层	200
工况 5	4	第一、二、三、四层	300

（2）网格划分

利用通用有限元软件 ANSYS Workbench 对灌注桩在稳态及瞬态温度载荷作用下的温度场进行数值分析，模型共 128755 个节点，31000 个单元，单元类型为 Solid186 实体单元，桩体和土体单元网格划分时采用六面体单元。完整桩与缩颈桩采用同一模型，其中缩颈桩共有四种不同程度的缩颈。桩基模型的直径为 1m，长为 10m，即长细比为 10 的灌注桩实体模型，光纤金属铠厚度为 0.5mm，保护层厚度为 1mm，光纤实体直径为 1mm。缩颈桩的缺陷位于桩中段，长度为 1m，缺陷部分用土壤实体来代替。网格划分后有限元模型如图 7.2 所示，其中图 7.2（a）为灌注桩数值模型桩顶网格划分图，图 7.2（b）为灌注桩数值模型网格整体示意图。

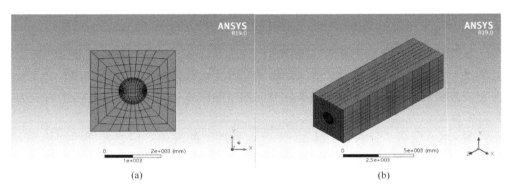

图 7.2　数值模型网格划分

（a）桩顶网格；（b）整体网格

模型中边界条件有三种，第一种是内生热边界条件，该边界条件作用在光纤金属铠实体上，内生热功率为 $0.015W/mm^3$；第二种是温度边界条件，该边界条件作用在桩周土的外表面上以及桩底表面上，温度边界为 22℃；第三种是空气对流边界条件，该边界条件作用在桩顶及桩周土上表面。

7.6　模拟结果

本模型结构对称，选取一侧光纤实体的模拟数据进行分析。为展现灌注桩及土体加热的完整温度场变化过程，完整桩与缩颈桩的温度数据均取自瞬态温度荷载下的模拟结果，瞬态温度荷载下的数据结果模拟时长分别为 1h 及 72h。

（1）光纤与桩体传热分析

图 7.3 为完整桩传感光纤经加热 72h 后的温度分布云图，桩身及桩周土温度场已达稳定，图 7.3（a）显示完整桩中横剖面温度云图，图中光纤热源加热区

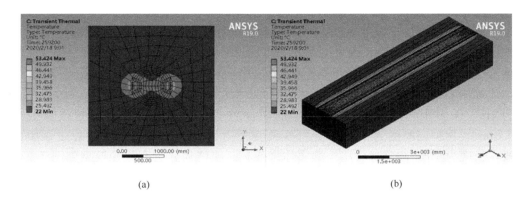

(a)　　　　　　　　　　　　　　　　　　(b)

图 7.3　完整桩运行 72h 温度云图

（a）桩中段纵向剖面温度云图；（b）桩轴向剖面温度云图

域已覆盖大半桩体，温度从内热源部位向外逐渐降低。单根测温管线的影响面积已覆盖 1/4 桩截面，满足对称分布的四根光纤完成缺陷检测的要求。图 7.3（b）为完整桩轴向剖面温度云图，沿桩深方向温度场分布均匀，达到稳定时金属铠热源温度最高，为 53.42℃。

图 7.4～图 7.7 分别为工况 2～工况 5 条件下的缩颈桩传感光纤经加热 72h 后的温度分布云图。不同缩颈程度的桩体中金属铠热源处依然温度最高，分别达到 55.23℃、56.92℃、58.64℃和 59.66℃。从桩中段横向剖面温度云图中可以看出，由于桩中段为缺陷位置，土壤实体比热容略大于灌注桩实体，缩颈桩在缺陷位置的温度场影响范围略小于完整桩，且缩颈程度越大对温度场影响范围越小。桩体轴向剖面局部放大图中可以看出缩颈部位的温度要高于正常部位，且缩颈程度越大温度差值越大。

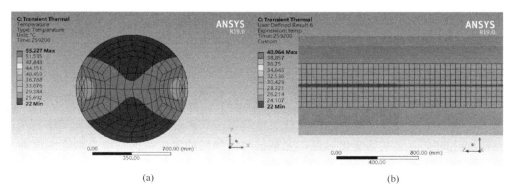

(a)　　　　　　　　　　　　　　　　　　(b)

图 7.4　工况 2 运行 72h 温度分布云图（缩颈厚度 50mm）

（a）桩中段横向剖面温度云图；（b）桩轴向剖面局部放大温度云图

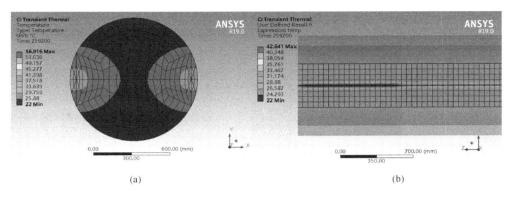

(a)　　　　　　　　　　　　　　　　　　(b)

图 7.5　工况 3 运行 72h 温度分布云图（缩颈厚度 100mm）

（a）桩中段横向剖面温度云图；（b）桩轴向剖面局部放大温度云图

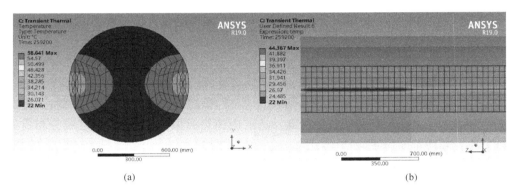

(a)　　　　　　　　　　　　　　　　　　(b)

图 7.6　工况 4 运行 72h 温度分布云图（缩颈厚度 200mm）

（a）桩中段横向剖面温度云图；（b）桩轴向剖面局部放大温度云图

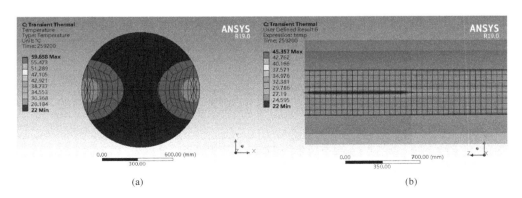

(a)　　　　　　　　　　　　　　　　　　(b)

图 7.7　工况 5 运行 72h 温度分布云图（缩颈厚度 300mm）

（a）桩中段横向剖面温度云图；（b）桩轴向剖面局部放大温度云图

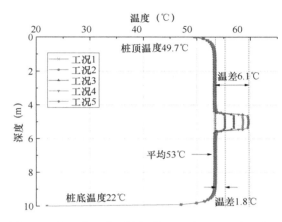

图 7.8　完整桩、缩颈桩加热 72h 时光纤温度分布图

（2）桩身缩颈缺陷识别

各工况条件下模拟运行 72h 时已达稳态，在光纤实体中沿轴线按间距 0.1m 提取模拟数据，得到光纤深度方向温度分布如图 7.8 所示。从图中可以看出，各工况下缩颈位置两侧的光纤温度接近对称分布，桩顶位置温度 49.7℃，桩底位置温度 22℃，平均温度为 53℃；完整桩与缩颈桩光纤沿深度方向温度场的区别主要位于缩颈位置，该处温度发生突变，缩颈桩最高温度位于桩中段；随着缩颈程度的增加，缺陷位置的温度越高，一层缩颈温差为 1.8℃，四层缩颈温差为 6.1℃。

桩体缩颈部位温度场突变可作为内植热源光纤传感检测的依据，实际工程中桩基检测工程量通常较大，对单根基桩的完整性检测需要快速准确，但基桩温度场达到最终稳定状态耗时较长。因此，选取内植热源加热 1h 时的温度场分布进行分析，如图 7.9 所示。

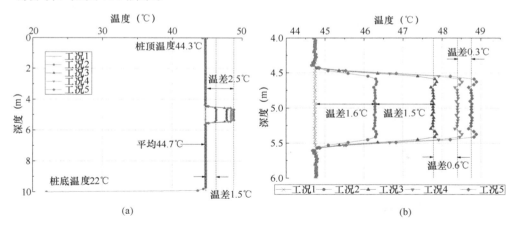

图 7.9　完整桩及缩颈桩加热 1h 时光纤温度分布图

（a）0～10m 桩长；（b）4～6m 桩长

图 7.9（a）中，各工况条件加热 1h 后，在缩颈部位光纤温度场呈现与加热 72h 相同的规律，其中桩顶位置温度 44.3℃，桩底位置温度 22℃，平均温度为 44.7℃；4 种缩颈工况条件的温差逐渐递增。将缩颈部位与完整部位进行对比，

若缩颈程度超过 50mm，采用内植热源方法加热 1h 即可判定该处存在缺陷。将桩体 4～6m 处温度分布放大，如图 7.9（b）所示，4 种缩颈工况与完整桩的温差分别为 1.6℃，3.1℃，3.7℃，4.0℃。缩颈程度为 50mm 和 100mm 时，温差递增较为明显，缩颈程度超过 200mm 后温差递增趋势减弱。缩颈部位温度场呈对称分布，在过渡区域（即桩深 4.5m 和 5.5m 附近处）的温度分布较为均匀，结合温度突变起点与终点之间的距离较容易判定缩颈长度。

7.7 结果分析

图 7.10 为桩深 5m 处各工况的温度时程曲线，对内植热源方法在缩颈部位的温度变化规律进行分析。该处为缩颈部位的对称中点，各工况在前 10min 温度快速上升，之后逐渐趋缓，各曲线间距逐渐增大。完整桩与缺陷桩温升曲线区别较明显，但缩颈程度超过 200mm 后则难以区分。不同的缩颈程度具有一定的递增规律，以加热时间的自然对数作为横坐标轴，温度作为纵坐标轴，建立温度与加热时间对数关系曲线，并对其进行线性拟合，如图 7.11 所示。

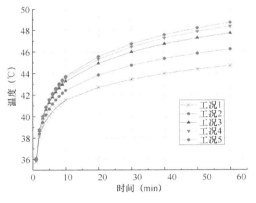

图 7.10 桩深 5m 处光纤温度时程曲线

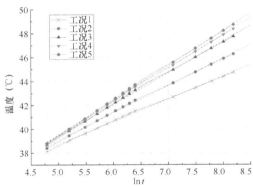

图 7.11 桩深 5m 处光纤温度与加热时间对数的关系曲线

不同工况的温升拟合结果   表 7.3

编号	拟合公式	相关度（R^2）	斜率递增百分比（%）
工况 1	$y=1.90324x+29.217$	0.99759	—
工况 2	$y=2.27483x+27.728$	0.99822	19.5
工况 3	$y=2.63999x+26.229$	0.99874	38.7
工况 4	$y=2.80779x+25.452$	0.99923	47.5
工况 5	$y=2.9029x+25.019$	0.99938	52.5

从图 7.11 中可以看出光纤温度与加热时间的对数近似呈线性变化规律，可通过对比桩身完整部分的温度变化曲线判定缩颈程度大小。为了更清晰地反映光纤温度与加热时间对数之间的关系，将拟合公式列于表 7.3。以 1h 的数据进行拟合，其相关度均超过 0.99，参照工况 1 完整桩的曲线斜率计算得到不同缩颈程度斜率递增百分比，此方法可用于对缩颈程度的量化判定。

考虑到实际桩基检测中数据采集误差对量化计算会产生影响，借助内植热源检测方法可改变加热功率的优势，为减少误差对缩颈缺陷的判定，在实际应用中可通过适当增加加热功率，加速桩体温度场变化，不仅缩短缺陷判别时间，也能增加判定的准确性。

在不改变其他条件的情况下，仅增加加热功率（0.02W/mm^3 和 0.025W/mm^3），得到各工况条件下桩体缩颈部位加热 1h 时的光纤温度分布，如图 7.12 所示。通过增加加热功率，桩体温度均有显著增加，图 7.12（a）中 4 种缩颈工况条件与完整桩的温差分别达到 2.1℃，4.1℃，4.9℃和 5.4℃，图 7.12（b）中 4 种缩颈工况条件与完整桩的温差分别为 2.6℃，5.1℃，6.2℃和 6.7℃。这进一步说明采用内植热源方法检测缩颈桩的可行性，根据温升变化判断缩颈程度较传统方法更为快捷。

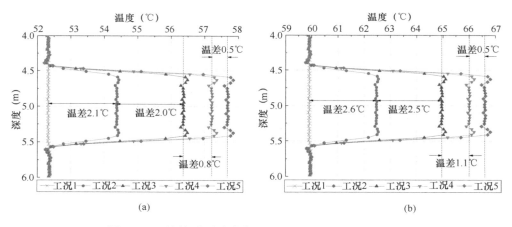

图 7.12　不同加热功率条件下加热 1h 时光纤温度分布图

(a) 0.02W/mm^3；(b) 0.025W/mm^3

7.8　本章小结

采用 ANSYS 对瞬态温度荷载作用下的桩基础内置热源温度场进行了数值模拟，通过对完整桩、缩颈桩数据整理及分析总结，主要得出如下结论：

（1）采用内植热源检测方法使桩体受温度荷载作用，沿桩深方向缺陷部位的温度会发生突变，完整桩与缩颈桩温升区别较明显，证明了该方法检测缩颈缺陷的可行性。

（2）随着缩颈程度增加，缺陷位置温度越高，缺陷部位与完整部位温差越大。缩颈为 50mm 和 100mm 时，温差递增较为明显，当缩颈超过 200mm 后温差递增趋势减弱。

（3）缩颈部位温度场呈对称分布，在过渡区域（即缺陷边界）的温度分布较为均匀，结合温度突变起点与终点之间的距离较容易判定缩颈长度。光纤温度与加热时间对数近似呈线性变化规律，可通过对比桩身完整部分温度变化曲线判定缩颈程度大小。对比完整桩的曲线斜率计算得到不同缩颈程度的斜率递增百分比，可用于对缩颈程度的量化判定。

（4）内植热源检测方法可改变加热功率，为减少误差对缩颈缺陷的判定，在实际应用中可通过适当增加加热功率，缩短缺陷判别时间，增加判定准确性。

第8章　断桩数值模型试验

8.1　基本假定

由于有限元数值计算中采用的参数为常规桩、土材料特性参数，精度能保证，因此该法计算结果精确且反映实际。断桩数值模型建立满足以下假设条件：

（1）该模型为灌注桩温度场分析模型，桩基实体中的钢筋实体对网格划分不利且其实体尺寸相对桩基实体尺寸差异较大，钢筋实体对桩基温度场影响较小，可将钢筋实体与桩基实体的导热率取平均值，简化为均质的钢筋混凝土。

（2）假定桩周土是无限大的均质体，而按圆柱体浇注的混凝土也为均质体，且热力学参数沿各个方向是一致的。

（3）假设灌注桩模型保护层厚度为 50mm，把两根传感光纤固定在对称分布的钢筋笼主筋上。

8.2　模型参数

在用 ANSYS 模拟桩土体在稳态及瞬态温度荷载作用下的温度场时，需要根据现场的钻孔资料确定测试桩所在地土体厚度和土体相关热力学参数，包括材料导热系数 λ、比热容 C 及密度 ρ。本章分别模拟了完整桩和夹泥桩在稳态及瞬态温度荷载作用下的温度场。在模拟过程中，需要用到的热力学参数见表 8.1。

模拟模型热力学参数　　　　　　　　　　表 8.1

材料	密度 ρ（kg/m³）	导热系数 λ [W/(m·K)]	比热容 C [J/(kg·℃)]
钢筋混凝土	2385	1.74	970
金属铠	7850	58.2	460
保护层	1380	0.28	2300
土壤	2000	1.16	1010
光纤	2330	1.38	745
空气	1.158	0.025	1013

8.3 模型建立

（1）几何模型

本模型在桩体中部设置了两个断裂位置，为放大断裂缺陷，将缺陷位置厚度设置为100mm，其中断裂位置分为三部分，光纤实体穿过的两个实体为断裂局部，未穿过的实体为全截面裂缝，该设置是为了讨论穿过裂缝与否对裂缝检测精准度的影响。图8.1（a）为断桩去掉缺陷部位后的桩体，图8.1（b）为断桩的缺陷部分及测温光纤示意图，图8.1（c）为断桩的缺陷部位细节介绍。

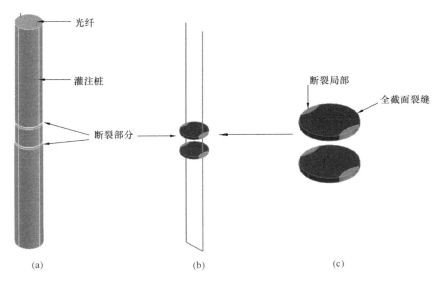

图8.1 灌注桩几何模型

（a）桩体；（b）断裂部分；（c）断裂部分细节

（2）网格划分

本章利用通用有限元软件 ANSYS Workbench 对灌注桩在稳态及瞬态温度载荷作用下的温度场进行数值分析，模型共123110个节点，28700个单元，单元类型为 Solid186 实体单元，桩体和土体单元网格划分时采用六面体单元。完整桩与缩颈桩采用同一模型，其中缩颈桩共有三种不同程度的缩颈。桩基模型的直径为1m，长为10m，即长细比为10的灌注桩实体模型，光纤金属铠厚度为0.5mm，保护层厚度为1mm，光纤实体直径为1mm。断桩缺陷位置位于桩中段，长度为1m，缺陷部分用空气实体来代替。网格划分后有限元模型如图8.2所示，其中图8.2（a）为灌注桩数值模型桩顶网格划分图，图8.2（b）为灌注桩数值模型网格整体示意图。

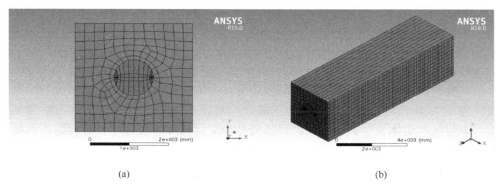

(a)　　　　　　　　　　　　　　　　(b)

图 8.2　数值模型网格划分

（a）桩顶网格；（b）整体网格

　　模型中边界条件有三种，第一种是内生热边界条件，该边界条件作用在光纤金属铠实体上，内生热功率为 $0.015\text{W}/\text{mm}^3$；第二种是温度边界条件，该边界条件作用在桩周土的外表面上以及桩底表面上，温度边界为 22℃；第三种是绝热边界条件，该边界条件作用在桩顶表面上。

8.4　模拟结果

　　（1）完整桩模拟结果

　　如图 8.3 所示，图 8.3（a）为完整桩中段纵向截面稳态温度云图，图中桩中段温度场已覆盖了整个桩体，从内热源部位到桩体以及土体，温度逐渐降低，图 8.3（b）为完整桩轴向剖面稳态温度云图，在桩体深度方向上温度场分布基本稳定，达到稳态时其最高温度为 61.43℃。在光纤实体中沿轴线等距地取 50

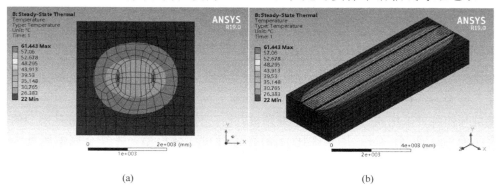

(a)　　　　　　　　　　　　　　　　(b)

图 8.3　完整桩稳态温度云图

（a）桩中段纵向剖面温度云图；（b）桩轴向剖面温度云图

个测点，间距 200mm，完整桩光纤深度方向温度分布如图 8.4 所示。由于在桩顶（0m 处）边界条件是温度边界，在桩底（10m 处）边界条件是绝缘边界，所以稳态时桩顶温度接近桩中心，桩底温度接近土壤温度。

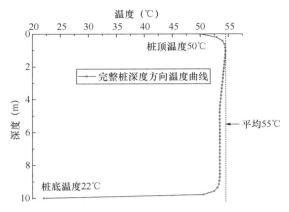

图 8.4　完整桩深度方向温度分布

（2）断桩模拟结果

如图 8.5（a）所示，桩中段温度场已覆盖了整个桩体，由于桩中段两处空缺为缺陷位置，空气实体比热容略小于灌注桩实体，故断桩在缺陷位置的温度场略大于完整桩，有较小起伏。图 8.5（b）为断桩轴向剖面的稳态温度云图，达到稳态时其最高温度为 218.34℃。图 8.6 为断桩沿深度方向温度分布图，选取温度数据点数量及位置同图 8.5，对比图 8.5 可看出完整桩与断桩在非缺陷位置温度基本相同，仅在缺陷位置因裂缝的不同而有不同程度的突变。

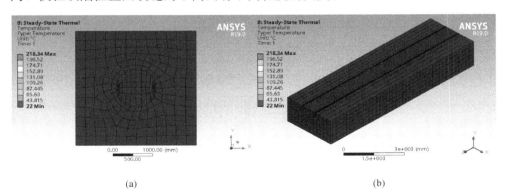

(a)　　　　　　　　　　　　　　　　　(b)

图 8.5　断桩稳态温度分布云图

（a）桩中段纵向剖面温度云图；（b）桩轴向剖面温度云图

如图 8.6 所示，图 8.6（a）为局部断桩温度分布图，在缺陷位置，其中光纤未穿过断裂面温度高出完整部分 1.86℃，图 8.6（b）为全截面断桩温度分布，其中光纤穿过断裂面温度高出完整部分 97.18℃，说明穿过断裂面与否比较容易判别。

75

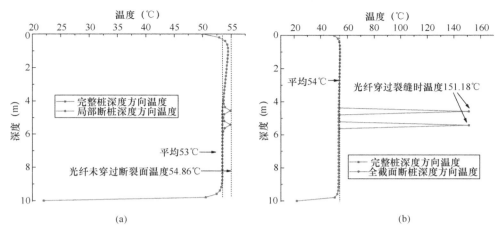

图 8.6　局部断桩与全截面断桩温度分布

（a）局部断桩温度分布；（b）全截面断桩温度分布

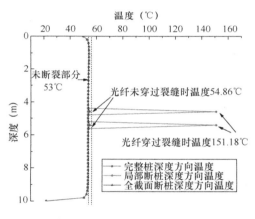

图 8.7　完整桩、缩颈桩深度方向温度分布图

8.5　结果分析

通过上述曲线可以看出，完整桩、断桩光纤沿深度方向的温度场有很大区别：

（1）两种工况缩颈位置两侧的温度接近对称分布。

（2）断桩在缺陷位置温度发生突变，断桩温度最高的位置位于桩中段。

（3）完整桩与断桩只有缺陷位置的温度有较明显变化，说明对金属铠实体加热只对缺陷部位及缺陷外大约 0.5m 桩段范围内的温度场产生了影响。

（4）从图 8.8 的温度时程曲线可以看出：三种工况的温度排序为，全界面断桩＞局部断裂桩＞完整桩。

（5）在 0～5h 内，测点温升较快，完整桩与缺陷桩温升速度较快且两者区别较明显，局部断裂桩与完整桩不易判断；5h 以后完整桩与断桩温升速度放缓，局部断裂桩与完整桩的最高温度逐渐拉开差距；局部断裂桩与全截面断桩在温升过程的始终都较易区别。

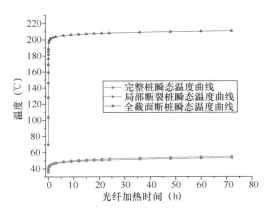

图 8.8　光纤穿过桩体瞬态温度曲线

8.6　本章小结

通过 ANSYS 数值模拟对断桩内置热源温度场特征研究，主要得出以下结论：

（1）断桩在缺陷位置温度发生突变，断桩温度最高的位置位于桩中段；

（2）完整桩与断桩只有缺陷位置温度有较明显变化，说明对金属铠实体加热只对缺陷部位及缺陷外大约 0.5m 桩段范围内的温度场产生了影响。

（3）在 0～5h 内，测点温升较快，完整桩与缺陷桩温升速度较快且两者区别较明显，局部断裂桩与完整桩不易判断；5h 以后完整桩与断桩温升速度放缓，局部断裂桩与完整桩的最高温度逐渐拉开差距；局部断裂桩与全截面断桩在温升过程的始终都较易区别。

第 9 章　夹泥桩数值模型试验

9.1　基本假定

由于有限元数值计算中采用的参数为常规桩、土材料特性参数，精度能保证，因此该法计算结果精确且反映实际。夹泥桩数值模型满足以下假设条件：

（1）该模型为灌注桩温度场分析模型，桩基实体中的钢筋实体对网格划分不利且其实体尺寸相对桩基实体尺寸差异较大，钢筋实体对桩基温度场影响较小，可将钢筋实体与桩基实体的导热率取平均值，简化为均质钢筋混凝土。

（2）假定桩周土是无限大的均质体，而按圆柱体浇注的混凝土也为均质体，且热力学参数沿各个方向是一致的。

（3）假设灌注桩模型保护层厚度为 50mm，把两根传感光纤固定在对称分布的钢筋笼主筋上。

9.2　模型参数

在用 ANSYS 模拟桩土体在稳态及瞬态温度荷载作用下的温度场时，需要根据现场的钻孔资料确定测试桩所在地的土体厚度和土体相关热力学参数，包括材料导热系数 λ、比热容 C 及密度 ρ。本章分别模拟了完整桩和夹泥桩在稳态及瞬态温度荷载作用下的温度场。在模拟过程中，需要用到的热力学参数见表 9.1。

<table>
<tr><td colspan="4">模拟模型热力学参数　　　　　　　　　　　　　表 9.1</td></tr>
<tr><td>材料</td><td>密度 ρ
（kg/m³）</td><td>导热系数 λ
[W/(m・K)]</td><td>比热容 C
[J/(kg・℃)]</td></tr>
<tr><td>钢筋混凝土</td><td>2385</td><td>1.74</td><td>970</td></tr>
<tr><td>金属铠</td><td>7850</td><td>58.2</td><td>460</td></tr>
<tr><td>保护层</td><td>1380</td><td>0.28</td><td>2300</td></tr>
<tr><td>土壤</td><td>2000</td><td>1.16</td><td>1010</td></tr>
<tr><td>光纤</td><td>2330</td><td>1.38</td><td>745</td></tr>
<tr><td>夹泥混凝土</td><td>1800</td><td>0.93</td><td>1050</td></tr>
</table>

9.3　模型建立

（1）几何模型

如图 9.1 所示，本模型将缺陷桩的夹泥部分分为三层，每层厚度均为 100mm，图 9.1（a）为缺陷桩去掉缺陷部位后的桩体，图 9.1（b）为缺陷桩缺陷部分及测温光纤示意图，图 9.1（c）为缺陷桩缺陷部位分层介绍。三种不同程度夹泥组合见表 9.2。

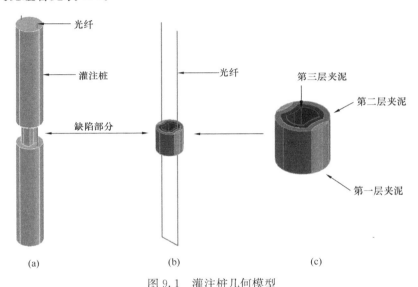

图 9.1　灌注桩几何模型

（a）桩体；（b）缺陷部分；（c）缺陷部分分层

夹泥桩不同程度组合 表 9.2

缺陷总层数	缺陷组合	缺陷总厚度(mm)
1	第一层	100
2	第一、二层	200
3	第一、二、三层	300

（2）网格划分

本章利用通用有限元软件 ANSYS Workbench 对灌注桩在稳态及瞬态温度载荷作用下的温度场进行数值分析，模型共 204720 个节点，49700 个单元，单元类型为 Solid186 实体单元，桩体和土体单元网格划分时采用六面体单元。完整桩与夹泥桩采用同一模型，其中夹泥桩共有三种不同程度的夹泥。桩基模型的直径为 1m，长为 10m，即长细比为 10 的灌注桩实体模型，光纤金属铠厚度为 0.5mm，保护层厚度为 1mm，光纤实体直径为 1mm。夹泥桩的缺陷位置位于桩中段，长度为 1m，缺陷部分用夹泥混凝土实体来代替。网格划分后有限元模型如图9.2所示，其中图9.2（a）为灌注桩数值模型桩顶网格划分图，图9.2（b）为灌注桩数值模型网格整体示意图。

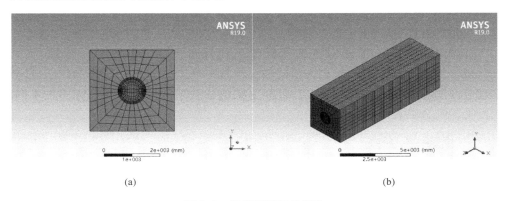

(a)   (b)

图9.2　数值模型网格划分

（a）桩顶网格；（b）整体网格

　　模型中边界条件有三种，第一种是内生热边界条件，该边界条件作用在光纤金属铠实体上，内生热功率为0.015 W/mm³；第二种是温度边界条件，该边界条件作用在桩周土的外表面上以及桩底表面上，温度边界为22℃；第三种是绝热边界条件，该边界条件作用在桩顶表面上。

9.4　模拟结果

（1）完整桩模拟结果

　　如图9.3所示，图9.3（a）为完整桩中段纵向截面的稳态温度云图，图中桩中段温度场已覆盖了整个桩体，从内热源部位到桩体以及土体，温度逐渐降

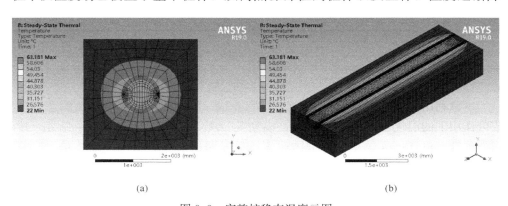

(a)   (b)

图9.3　完整桩稳态温度云图

（a）桩中段纵向剖面温度云图；（b）桩轴向剖面温度云图

低，图9.3（b）为完整桩轴向剖面稳态温度云图，在桩体深度方向上温度场的分布基本稳定，达到稳态时其最高温度为63.18℃。在光纤实体中沿轴线等距地取50个测点，间距200mm，完整桩光纤深度方向温度分布如图9.4所示。由于在桩顶（0m处）的边界条件是温度边界，在桩底（10m处）的边界条件是绝缘边界，所以稳态时桩顶温度接近桩中心，桩底温度接近土壤温度。

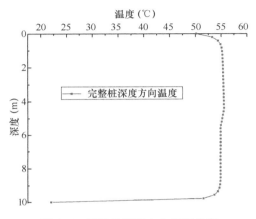

图9.4　完整桩深度方向温度分布

（2）夹泥桩模拟结果

如图9.5所示，图9.5（a）为夹泥桩中段纵向截面的稳态温度云图，图中桩中段温度场已覆盖了整个桩体，由于桩中段为缺陷位置，夹泥混凝土实体比热容略大于灌注桩实体，故夹泥桩在缺陷位置的温度场略小于完整桩，图9.5（b）为夹泥桩轴向剖面稳态温度云图，达到稳态时其最高温度为72.60℃。图9.6为夹泥桩沿深度方向温度分布图，选取温度数据点数量及位置同图9.4，对比图9.4可看出完整桩与夹泥桩在非缺陷位置温度基本相同，仅在缺陷位置因夹泥程

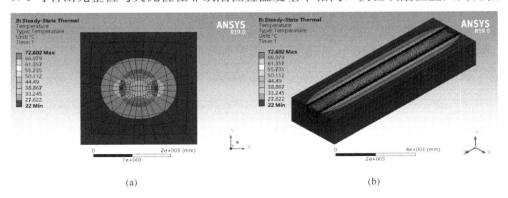

(a)　　　　　　　　　　　　　(b)

图9.5　夹泥桩稳态温度分布云图
（a）桩中段纵向剖面温度云图；（b）桩轴向剖面温度云图

度的不同而有不同程度的突变。

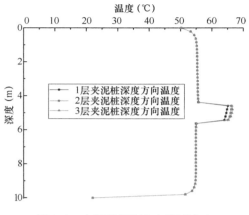

图 9.6　夹泥桩深度方向温度分布

9.5　结果分析

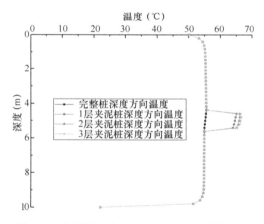

图 9.7　完整桩、夹泥桩深度方向温度分布图

通过图 9.7 中的曲线可以看出，完整桩、夹泥桩光纤沿深度方向的温度场有很大区别：

（1）两种工况夹泥位置两侧的温度接近对称分布；

（2）夹泥桩在缺陷位置温度发生突变，夹泥桩温度最高的位置位于桩中段；

（3）缺陷桩随着夹泥程度的增加，缺陷位置的温度越高；

（4）完整桩与夹泥桩只有缺陷位置的温度有较明显变化，说明对金属铠实体加热只对缺陷部位及缺陷外大约 0.5m 桩段范围内的温度场产生了影响。

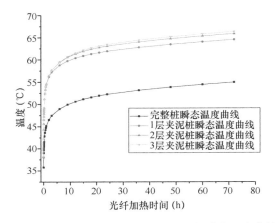

图 9.8 缺陷处（桩身 5m）完整桩与缺陷桩温度曲线

从图 9.8 可以看出：

（1）随着夹泥桩的夹泥程度的增加，测点的温度值越高；

（2）在缺陷部位三种工况的温度高低排序为，3 层夹泥桩＞2 层夹泥桩＞1 层夹泥桩＞完整桩；

（3）在 0～5h 内，测点温升较快，完整桩与缺陷桩温升速度较快且两者区别较明显，不同程度夹泥的最高温度难以区分；5h 以后完整桩与夹泥桩温升速度放缓，不同程度夹泥时最高温度逐渐拉开差距。

9.6 本章小结

通过 ANSYS 数值模拟对断桩内置热源温度场特征研究，主要得出以下结论：

（1）夹泥桩在缺陷位置温度发生突变，夹泥桩温度最高的位置位于桩中段。

（2）缺陷桩随着夹泥程度的增加，缺陷位置的温度越高。

（3）完整桩与夹泥桩只有缺陷位置的温度有较明显变化，说明对金属铠实体加热只对缺陷部位及缺陷外大约 0.5m 桩段范围内的温度场产生了影响。

（4）在 0～5h 内，测点温升较快，完整桩与缺陷桩温升速度较快且两者区别较明显，不同程度夹泥的最高温度难以区分；5h 以后完整桩与夹泥桩温升速度放缓，不同程度夹泥时最高温度逐渐拉开差距。

第四篇 专题研究

第 10 章　光纤检测系统优化布设试验研究

10.1　引言

　　DTS 检测基桩完整性中，合理地布设光纤不仅可以全方位的检测基桩质量，还可以节约检测成本和施工时间[82]。为了进一步规范和推广 DTS 用于基桩完整性检测，在前期的理论探讨基础上[119,129]，结合 DTS 检测灌注桩的模型试验装置，本章拟采用物理和数值试验方法，进一步研究灌注桩完整性检测中合理光纤传感器间距的确定。采用物理模型试验，对内置光纤热源的桩体热传导特征进行定量研究，得到了模型桩温度分布特征和热传导影响半径的变化规律；同时应用有限元分析，对物理模型试验进行验证，并对不同边界条件下模型桩体内热传导特征和光纤结构对检测结果的影响进行分析，以期优化 DTS 检测灌注桩完整性的光纤检测系统，规范 DTS 检测灌注桩完整性光纤传感器的布置。

10.2　光纤间距优化原理

10.2.1　灌注桩完整性检测原理

　　灌注桩施工过程中，在桩身埋设传感光纤[12]，施工完成后，由 DTS 监测预埋在灌注桩中的传感光纤在不同时刻的温度变化特征，如果基桩存在缺陷，将造成基桩材料的不均匀，进而影响基桩温度场分布，可据此判断基桩是否存在缺陷[104]；利用调压仪对灌注桩中铠装光纤进行加热，可实现对基桩缺陷的放大，进而提高检测精度[130]。为了试验的可重复性，本章试验中采用加热光纤产生的温度场变化作为研究重点。

10.2.2　光纤间距确定分析

　　光纤的热传导受桩体导热系数、加热功率、加热长度、桩体边界条件的影响。以植入金属铠装光纤作为热源，使灌注桩内形成热传导辐射区，该辐射区存在一个临界半径 r_0，由于光纤热源的热传导影响范围是有界的，当温度下降梯度减小到低于光纤测温仪精度时，理论上可认为热传导结束。将热传导结束时距离热源中心的长度称为临界半径。

在临界半径内的区域，桩体温度变化特征会受到光纤热源的影响，超过临界半径则不会受到影响，温度等于周围环境的温度。若将光纤布设于灌注桩中心，随着桩体半径的增加，且加热功率大小受到限制，热传导辐射区域将难以覆盖整个桩截面，桩身质量便不能被全面检测，最终影响检测结果的可靠性。所以，对于大直径灌注桩，布设一条光纤并不能满足检测要求，需考虑在桩体内布设多条光纤。当布设多条光纤时，加热光纤之间形成的热传导可能会相互影响，这又会对检测结果产生影响。

10.2.3 合理光纤间距确定

在临界半径内的区域桩体温度会受到光纤影响，超过临界半径则不会受到影响，温度等于周围环境温度。根据热传导理论，光纤热源可近似为线热源。灌注桩多为径向对称的圆柱体，在内置线热源且在稳态状况下，假定内热源生热均匀，温度分布为：

$$T(r) = -\frac{Q}{4k}r^2 + C_1 \ln r + C_2 \qquad (10.1)$$

式中，Q 为光纤均匀容积生成热（W/m³）；k 为热传导系数；r 为离热源点的距离；$T(r)$ 为离热源点距离为 r 处点的温度；C_1、C_2 为积分常数。

内置热源影响的热传导辐射区内，当温度下降到低于 DTS 测试精度时，DTS 无法检测到内置热源引起的温度场变化。合理光纤间距确定原则是：既要求传感光纤之间热传导不相互影响，又要保证完全覆盖整个桩体。

10.3 试验研究

10.3.1 物理模型试验

本章主要研究光纤传感器在桩缺陷检测时的布设间距，考虑内置热源的径向热传导，长径比影响热传导的空间特征，但是当长径比超过一定值时该热传导可概化为径向传热，综合 DTS 分析仪的距离分辨率，将模型桩桩长设计为 1.5m。《建筑桩基技术规范》将直径大于 250mm，小于 800mm 的桩归类为中等直径桩，应用相对普遍，桩直径取 500mm 较接近实际工程。研究桩体内置热源的热传导特征及影响范围，调节加热功率以控制热传导范围在桩截面内，所以桩体截面形状对试验结果影响较小，为了便于试验，选取方形截面桩，沿中心线方向均匀分层布设光纤检测。为保证加热和检测，试验桩的桩头和桩尾留有固定长度光纤，将试验桩横向放置以防破坏光纤结构。设计模型桩长 1.5m，宽、高均为 0.5m，采用 C30 的商品混凝土浇注，见图 10.1（a）。

　　光纤传感器蛇形布置在模型桩中，光纤间距为 40mm，标记为 U1～U6、0、F1～F6 层，如图 10.1（b）所示，除 0 层、F2 层两端各预留 15m，其余层桩体两端各预留 0.75m 光纤（见图 10.1c），光纤两端头预留足够长度光纤连接测温仪，双端检测。

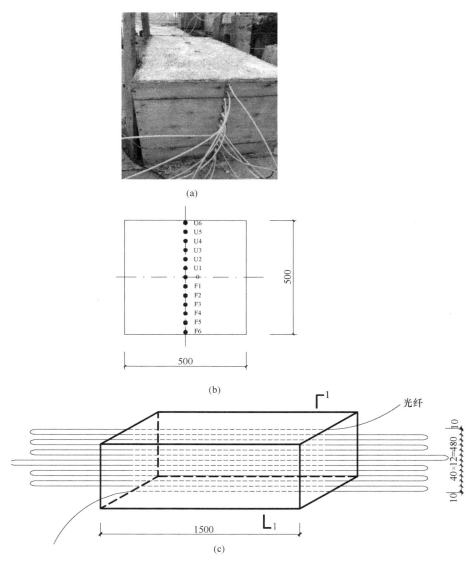

图 10.1　物理模型试验图

（a）模型图片；（b）1-1 剖面图（单位：mm）；（c）光纤布置示意图（单位：mm）

　　通过调节光纤两端的电压大小，来实现不同的加热功率，本试验以 1W/m

的梯度进行加热测试，结合过去试验结果最终选定加热功率为 2W/m，4W/m，6W/m，8W/m，对距 0 层两端各 13.25m 处光纤进行加热，形成长度为 28m 的发热电阻。加热至 20min 左右时，各功率下的光纤温升值基本保持稳定状态，试验设定加热时间为 30min。

10.3.2　数值模型试验

物理模型存在浇注不均匀导致导热系数不确定、热传导状态不稳定、检测受外界环境影响等不可避免的影响因素，依据物理模型试验，应用 ANSYS 开展了数值模型试验研究[131]。

（1）假设条件

运用 ANSYS 进行数值模型试验，应满足以下条件：

1）稳态工作状况；

2）边界条件不变且外表面绝热；

3）桩中心轴线的光纤热源为一维径向热传导；

4）桩体均匀；

5）桩体导热系数均匀一致；

6）均匀的容积热生成率。

（2）几何模型

选用平面热分析 PLANE55 单元，按 1.5 m 长、0.5 m 高进行建模，中心线设置为热源。物理模型试验中应用的光纤结构如图 10.2 所示，考虑光纤结构对试验结果的影响，数值模型试验中，应用 PLANE55 单元，模拟光纤结构层，外层设置一层塑料保护层如图 10.3 中深色层所示。

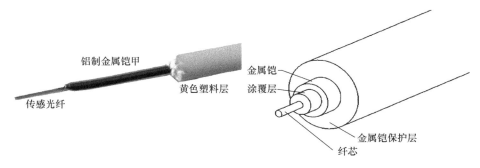

图 10.2　光纤结构示意图

（3）计算参数

被加热的金属铠外包裹有一定厚度的塑料保护层，其导热系数与混凝土差异巨大，对发热电阻的热传导有影响，而塑料的导热系数为混凝土的 1/40 左右，

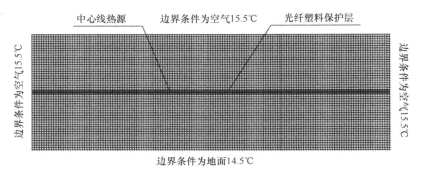

图 10.3 模型网格划分图

为了达到与试验状态相接近在模型中心添加该层且设置导热系数为 0.02，混凝土与保护层参数表见表 10.1。

模型参数 表 10.1

	密度	导热系数	比热容	泊松比
单位	kg/m³	W/(m · K)	J/(kg · ℃)	
混凝土桩体	2300	1.5	1050	0.2
塑料保护层	1300	0.02	1500	0.2

（4）边界条件

依据试验中光纤定位图结合监测数据可得到空气温度为 15.5℃，模型初始稳定状态温度从 U6 层（即近空气层）到 F6 层（即近地面层）是呈线性递减。依据监测数据设置边界条件，与空气接触部分的边界温度设置为 15.5℃，与地面接触的边界温度设置为 14.5℃。

10.4 数值试验过程及结果

10.4.1 稳态分析

光纤的热传导影响范围是有界的，当温度下降梯度减小到低于光纤测温仪的精度时，即可认为热传递结束，取内置热源的稳态热传导分析。

10.4.2 模型桩内温度分布特征

中心线上对金属铠加热 10～30min 后温度稳定，功率为 2W/m、4W/m、

6W/m、8W/m 时对应中心线稳定状态温度分别为 22℃、24℃、28℃、32℃，故对模型中心线依次施加温度为 22℃、24℃、28℃、32℃的热荷载，进行稳态分析，模型内部温度分布云图如图 10.4 所示。

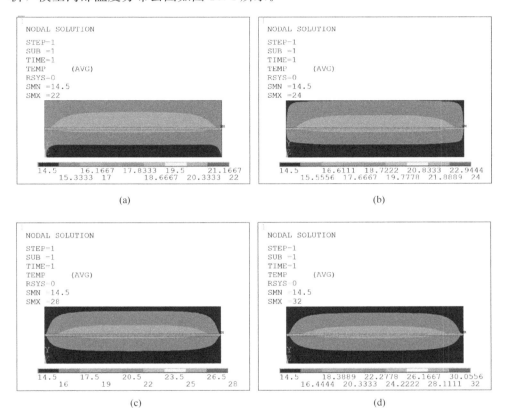

图 10.4 不同温度荷载作用下温度分布云图
(a) $T=22℃$；(b) $T=24℃$；(c) $T=28℃$；(d) $T=32℃$

将模型按 0.01m 为最小单位进行网格划分，得到每 0.01m 一个节点的温度数据，取出每一层间距为 0.01m 的 151 个温度数据汇总，温度随桩长分布如图 10.5 所示。

DTS 光纤测温是每 1m 一个监测点，该监测点数据为前后各 0.5m 的平均值，为了与试验监测更接近，将模拟所得各层每一个节点的数据汇总求平均值，得到每层平均温度分布如图 10.6 所示。

依据温度分析可以得到，不同热荷载作用下离中心线越近温度越高；不同边界条件下，相同的温度荷载，内部温度分布和变化是不一样的。

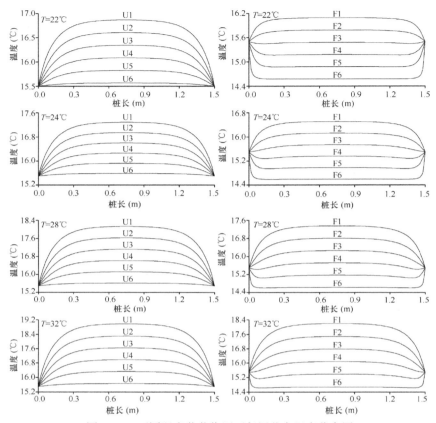

图 10.5　不同温度荷载作用下每层节点温度分布图

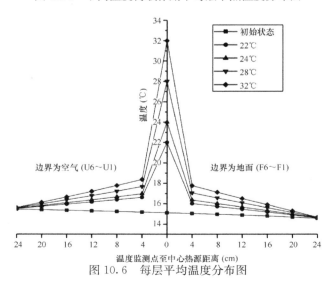

图 10.6　每层平均温度分布图

10.4.3 模型桩内温升分布特征

模拟得到某一层每间距0.01m的151个点数据,依次将热荷载温度为22℃、24℃、28℃、32℃稳定时各点的温度与初始温度相减,得到每个点的温升汇总如图10.7所示。

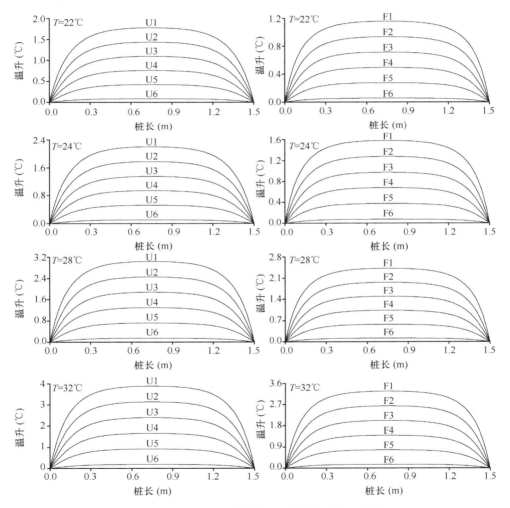

图10.7 不同温度荷载作用下桩体每层的温升图

根据图10.7展示的U1~U6层(边界条件为空气)和F6~F1层(边界条件为地面)在施加不同温度荷载时每一层温度的情况,可以判断离中心线热源越近桩体每层的温升越高,而水平桩长方向中间部分的温升明显比两侧高。

对比T=22℃、24℃、28℃、32℃时四组U1~U6层和F6~F1层两种边界

条件下的温升图，相同温度荷载下，边界条件为空气的温升比边界条件为地面的温升高。结合中间温升明显比两侧的高，可以判定边界条件对温升的影响非常大。

10.5　物理模型与数值模型结果对比分析

10.5.1　模型桩各层温升对比分析

将试验中不同功率加热中心光纤稳定后得到的各层温升值汇总如图 10.8（a）所示；试验中光纤测温是每 1m 一个监测点，该监测点数据为前后各 0.5m 的平均值，将模拟分析所得各层的 151 个节点的数据处理，将模拟模型在中心线施加不同温度热荷载，每层温升的平均值汇总如图 10.8（b）所示。

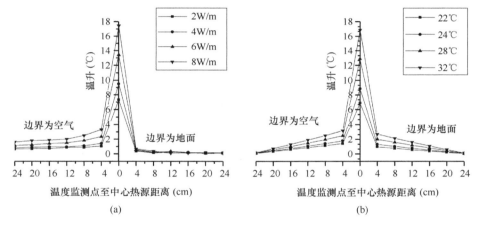

图 10.8　桩体各层温升图
（a）物理模型试验结果；（b）数值模拟试验结果

对于试验桩体或模型桩体，在中心线上加热功率越大或施加温度荷载越高，每一层的温升都越明显。U6 层～U1 层与 F1 层～F6 层的温升依据半径呈一定趋势，而 0 层温升相比 U1 层和 F1 层的温升显巨，原因是光纤外层保护层为塑料材质，其导热系数为混凝土的 1/40 左右，在试验中也观察到 U1 层和 F1 层温度上升较光纤内部热源 0 层的温升十分微弱，同时说明导热系数对于传热与分析有决定性作用。

在相同温度热荷载作用下，U1 层、F1 层距离 0 层（热源）最近，温升最高。随着距离热源越来越远，U1～U6 层、F1～F6 层的温升逐渐递减。温升的趋势与试验所得数据相同。

10.5.2 温升与影响半径拟合曲线

以线性函数 $y=a \cdot x+b$ 对其进行拟合，得到的拟合函数如表 10.2 所示。这些模拟曲线方差 R^2 都在 0.99 以上，非常接近 1。所以用表 10.2 的函数来估算不同温度热荷载作用下光纤的临界半径是可行的。

不同温度荷载下光纤的温升与影响半径拟合曲线　　表 10.2

温度荷载	F1~F6 层（边界地面）	U1~U6 层（边界空气）
22℃	$y=-0.0461x+1.1389$ $R^2=0.9992$	$y=-0.0688x+1.7026$ $R^2=0.9993$
24℃	$y=-0.0961x+2.3749$ $R^2=0.9992$	$y=-0.0855x+2.1145$ $R^2=0.9993$
28℃	$y=-0.0961x+2.3749$ $R^2=0.9992$	$y=-0.1188x+2.9385$ $R^2=0.9993$
32℃	$y=-0.1294x+3.1988$ $R^2=0.9992$	$y=-0.1521x+3.7624$ $R^2=0.9993$

注：x 为热影响半径（单位为 cm），y 为温升。

已知仪器精度为 0.6℃（详细请见第 11 章），当加热功率为 2W/m 时，中心线稳定时温度为 22℃，运用表 10.2 中的公式，即 y 等于 0.6，算得边界条件为地面临界半径为 11.69cm，边界条件为空气临界半径为 16.03cm；当加热功率为 8W/m 时，中心线稳定时温度为 32℃，运用表 10.2 中的公式，即 y 等于 0.6，算得边界条件为地面临界半径为 20.08cm，边界条件为空气临界半径为 20.79cm。功率为 2~8W/m 时，该 U 形布置光纤适合直径 468~800mm、桩长小于 14m（可保证加热光纤长度为 28m）的桩基检测。

10.5.3 不同热荷载情况下温升差值特征

将边界为空气的 U1~U6 层的温升与边界为地面 F1~F6 层的温升相减，分别用 U1~F1、U2~F2、U3~F3、U4~F4、U5~F5、U6~F6 表示，边界为空气与边界为地面不同加热功率下和不同温度荷载下温升差值汇总分别如表 10.3、表 10.4 所示。

边界为空气与边界为地面不同加热功率下温升差值　　表 10.3

加热功率	平均温升差值（℃）			
	2W/m	4W/m	6W/m	8W/m
U1~F1	0.6775	0.9583	1.8008	2.6563
U2~F2	0.6505	0.7726	1.4886	2.0943
U3~F3	0.7310	0.7641	1.2697	1.7696

加热功率	平均温升差值(℃)			
	2W/m	4W/m	6W/m	8W/m
U4～F4	0.6220	0.7861	1.2083	1.6881
U5～F5	0.6024	0.7902	1.1117	1.6553
U6～F6	0.5929	0.7366	1.0609	1.5092

边界为空气与边界为地面不同温度荷载下温升差值　　　　表 10.4

温度荷载	平均温升差值(℃)			
	22℃	24℃	28℃	32℃
U1～F1	0.4774	0.4774	0.4774	0.4773
U2～F2	0.3802	0.3802	0.3802	0.3802
U3～F3	0.2870	0.2871	0.2870	0.2871
U4～F4	0.1970	0.1969	0.1969	0.1969
U5～F5	0.1087	0.1087	0.1087	0.1087
U6～F6	0.0216	0.0217	0.0217	0.0217

依据以上两个表的数据，在同一功率加热的试验模型或同一温度的热荷载作用下的模拟模型，边界为空气的 U1～U6 层温升均分别大于边界为地面的 F1～F6 层温升，即距离热源相同距离，由于边界条件不同，桩体每层温升值也不同。对于试验模型每层的温升差值随加热功率增大而增大，而对于模拟模型在施加 4 种不同温度荷载下，4 组 U1～F1、U2～F2、U3～F3、U4～F4、U5～F5、U6～F6 温升差值数据十分相近。

10.6　本章小结

本章在基于 DTS 检测灌注桩完整性的光纤影响半径的现场试验和模型试验，结合理论推导，应用有限元分析展开对合理光纤间距的研究，主要得到以下结论：

（1）内置光纤热源加热功率越大，中心线温度越高，光纤的临界半径也越大；离中心线热源越近温升值越高。

（2）边界条件不同，距离热源相同距离光纤的温升值不同，光纤的临界半径也不同。不同温度荷载效应下，各层的温升差值数据十分相近。

（3）用功率 2～8W/m 加热长度为 28m 的光纤时，U 形布设光纤的间距 48cm 左右最合理，适用于直径 500mm、桩长小于 14m 的桩基检测。

模拟的趋势和数据与试验结果基本相符合。研究结果为分布式光纤测温技术检测灌注桩基缺陷的系统设计提供了理论依据。

第 11 章　考虑桩周岩土介质
桩体温度场特征试验研究

11.1　引言

目前，针对基桩热完整性检测方法已经进行了诸多研究，研究内容主要包括桩体内的温度分布特征、桩体热力学参数、温度传感器的布置等。基桩深埋于岩土介质中，桩周环境复杂、多变，如果不考虑初始温度场和边界条件以及地面温度变化，可能会对用于支撑温度控制结构的热激活桩性能产生错误结论[132]。因此，为了完善热完整性测试技术，本章在现有的基础上，建立考虑桩周介质物性参数的桩体热传导模型，利用分布式光纤测温技术（DTS），通过对植入模型桩内的光纤进行加热，考虑桩周介质，研究桩体热传导规律，完善 DTS 检测基桩热完整性的理论，推动基桩热法完整性测试的应用。

11.2　理论介绍

11.2.1　假设条件

分布式光纤温度传感检测技术主要通过测得的光纤温度变化来反映监测对象的物性指标。为了模型试验参数的可操作性，采用在桩体内植入热源进行研究，热源采用可加热的铠装光缆，光缆即是光源，又同时用于测温。

下文将依据热传导理论建立温度特征与桩体及桩周介质物性指标的理论模型。为了简化模型，作如下假设：

（1）光纤与桩土介质主要通过热传导方式进行热量传递，且认为植入光纤与桩身介质间换热是线热源与桩土介质间换热，不考虑热对流和热辐射影响。

（2）桩土完全接触且无界面温差。

（3）加热光纤，考虑到光纤轴向传热远小于径向传热，故忽略轴向传热，认为热传导仅沿光纤径向进行，且光纤长度与温度受影响的桩身介质范围相比为无限长，传热过程按柱坐标轴对称的一维问题处理。

（4）桩身介质导热系数和土体介质导热系数分别均匀一致，且不随温度影响变化。

（5）金属铠为集中热容物体，纵横向材质均匀，导热系数一致，加热时其内部热量分布均匀，忽略光纤其他保护结构对热传导的影响，金属铠保护层与桩身介质间无接触热阻。

11.2.2　内置光纤热源的灌注桩热传导分析

如图10.2所示，拟采用的传感光纤由外到内分别由金属铠保护层、金属铠、涂覆层、纤芯组成。加热光纤与桩土介质的传热模型如图11.1所示，r_0 为热影响半径；r_1 为传感光纤金属铠保护层的内径；r_3 为桩表面到加热光纤轴线的垂直距离；r_4 为桩周土表面到加热光纤轴线的垂直距离；T_1 为距光纤中心径向距离 r_1 金属铠的温度；T 为距光纤中心径向距离 r 处介质的温度。

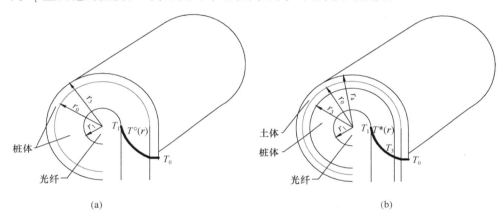

图 11.1　传热模型

（a）热影响半径在桩内；（b）热影响半径在土内

未对传感光纤加热时，即当时间 $t=0$ 时，传感光纤的温度 T 等于周围介质的初始温度 T_0。设在对传感光纤加热 Δt 时间之后，传感光纤与灌注桩的传热处于稳定状态，这时，传感光纤的温度保持不变，设其温度为 T_1，将传感光纤与桩身介质的导热问题转化一维导热问题。在圆筒壁内取一半径为 r，厚度为 dr 的单位长度圆形薄壁，导热方程如下式[133-135]：

$$\frac{\mathrm{d}^2 T}{\mathrm{d}r^2} + \frac{1}{r}\frac{\mathrm{d}T}{\mathrm{d}r} = 0 \tag{11.1}$$

灌注桩与土体的导热系数分别为常数，对式（11.1）两次积分，灌注桩内部温度分布表达式为：

$$\begin{cases} T^\circ(r) = C_1 \ln r + C_2 & (r_0 \geqslant r \geqslant r_1) \\ T^\circ(r) = T^\circ(r_0) & (r_3 \geqslant r \geqslant r_0) \end{cases} \tag{11.2}$$

$$\text{或} \quad \begin{cases} T^*(r) = C_3 \ln r + C_4 & (r_0 \geqslant r_3 \geqslant r \geqslant r_1) \\ T^*(r) = C_5 \ln r + C_6 & (r_0 \geqslant r \geqslant r_3) \\ T^*(r) = T^*(r_0) & (r_4 \geqslant r \geqslant r_0) \end{cases} \tag{11.3}$$

式中：r 为桩土某面上垂直光纤轴线的距离；$T^o(r)$、$T^*(r)$ 为离热源点距离为 r 处点的温度；C_1、C_2、C_3、C_4、C_5、C_5、C_6 为积分常量。

边界条件如下[121]：

第一类边界条件：当 $r = r_1$ 时，$T^o(r_1) = T_1$ 或 $T^*(r_1) = T_1$；

当 $r = r_3$ 时，$T^*(r_3) = T_3$；

第二类边界条件：当 $r = r_1$ 时，$-\dfrac{\mathrm{d}T}{\mathrm{d}r} = \dfrac{q}{2\pi r k_p}$；

当 $r = r_3$ 时，$-\dfrac{\mathrm{d}T}{\mathrm{d}r} = \dfrac{q}{2\pi r k_s}$。

考虑相应的边界条件，由式（11.2）、式（11.3）得：

$$\begin{cases} T^o(r) = T_1 - \dfrac{q}{2\pi k_p} \ln \dfrac{r}{r_1} & (r_0 \geqslant r \geqslant r_1) \\ T^o(r) = T^o(r_0) & (r_3 \geqslant r \geqslant r_0) \end{cases} \tag{11.4}$$

$$\text{或} \quad \begin{cases} T^*(r) = T_1 - \dfrac{q}{2\pi k_p} \ln \dfrac{r}{r_1} & (r_0 \geqslant r_3 \geqslant r \geqslant r_1) \\ T^*(r) = T_3 - \dfrac{q}{2\pi k_s} \ln \dfrac{r}{r_3} & (r_0 \geqslant r \geqslant r_3) \\ T^*(r) = T^*(r_0) & (r_4 \geqslant r \geqslant r_0) \end{cases} \tag{11.5}$$

式中：T_1 为 $r = r_1$ 处温度；T_3 为 $r = r_3$ 处温度；$q = \dfrac{U^2}{LR}$ 为线热源单位时间、单位长度发热量，L 为加热段光纤长度，U 为加热段金属铠光纤两端电压，R 为加热段金属铠光纤总电阻；k_p 为灌注桩热传导系数；k_s 为土体热传导系数；其余参数物理意义同上。

11.2.3 光纤保护膜热量损耗分析

试验中应用的光纤结构如图 11.2 所示，纤芯外分别是涂覆层、金属铠、塑料保护层，加热光纤时，有一部分热量被塑料保护层吸收。其中，$r_1 = 1.0$mm、$r_2 = 2.5$mm，假设金属铠、保护层和桩身两两完全接触，线热源单位时间产生的热量 Q 经过金属铠保护层损耗 Q_1，剩余热量 Q_2 向桩土内传播。

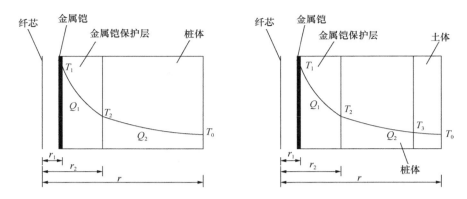

图 11.2　内热源金属铠热量传播图

$$Q = Q_1 + Q_2 = qL \tag{11.6}$$

式中：Q_1 为金属铠保护层吸收热量；Q_2 为向桩土内传热量；q 为线热源单位时间、单位长度发热量；L 为加热段光纤长度。

通过金属铠保护层单位时间损耗的热量 Q_1 可表示为[74]：

$$Q_1 = \frac{2\pi k_1 L(T_1 - T_2)}{\ln(r_2/r_1)} = CM\left(\frac{T_1 + T_2}{2} - T_0\right) \tag{11.7}$$

式中：T_1 为 $r = r_1$ 处表面温度；T_2 为 $r = r_2$ 处表面温度；k_1 为保护层热传导系数；L 为加热段光纤长度；r_1 为保护层内径；r_2 为保护层外径；C 为金属铠保护层比热容；M 为 L 段金属铠保护层质量；T_0 为金属铠保护层初始温度。

将式（11.7）代入式（11.6）得：

$$q_2 = \frac{Q_2}{L} = q - \frac{2\pi k_1 (T_1 - T_2)}{\ln(r_2/r_1)} \tag{11.8}$$

式中：q_2 为单位时间、单位长度桩土内传热量；Q_2 为单位时间桩土内传热量；U 为加热段金属铠光纤两端电压；R 为加热段金属铠光纤总电阻；k_1 为保护层热传导系数；L 为加热段光纤长度；T_1 为 $r = r_1$ 处温度；T_2 为 $r = r_2$ 处温度；r_1 为保护层内径；r_2 为保护层外径。

考虑内热源金属铠光纤保护层热量的损耗，则边界条件如下：

第一类边界条件，当 $r = r_2$ 时，$T^\circ(r_2) = T_2$ 或 $T^*(r_2) = T_2$；

当 $r = r_3$ 时，$T^\circ(r_3) = T_3$；

第二类边界条件，当 $r = r_2$ 时，$-\dfrac{\mathrm{d}T}{\mathrm{d}r} = \dfrac{q_2}{2\pi r k_\mathrm{p}}$；

当 $r = r_3$ 时，$-\dfrac{\mathrm{d}T}{\mathrm{d}r} = \dfrac{q_2}{2\pi r k_\mathrm{s}}$。

考虑边界条件，并将式（11.8）分别代入式（11.2）、式（11.3）得：

$$
\begin{cases}
T^{\circ}(r) = T_2 - \dfrac{q\ln(r_2/r_1) - 2\pi k_1(T_1 - T_2)}{2\pi k_{\mathrm{p}}\ln(r_2/r_1)}\ln(r/r_2) & (r_0 \geqslant r \geqslant r_2) \\
T^{\circ}(r) = T^{\circ}(r_0) & (r_3 \geqslant r \geqslant r_0)
\end{cases}
\tag{11.9}
$$

或
$$
\begin{cases}
T^{*}(r) = T_2\,\dfrac{q\ln(r_2/r_1) - 2\pi k_1(T_1 - T_2)}{2\pi k_{\mathrm{p}}\ln(r_2/r_1)}\ln(r/r_1) & (r_0 \geqslant r_3 \geqslant r \geqslant r_2) \\
T^{*}(r) = T_3\,\dfrac{q\ln(r_2/r_1) - 2\pi k_1(T_1 - T_2)}{2\pi k_{\mathrm{s}}\ln(r_2/r_1)}\ln(r/r_3) & (r_0 \geqslant r \geqslant r_3) \\
T^{*}(r) = T^{*}(r_0) & (r_4 \geqslant r \geqslant r_0)
\end{cases}
$$

$$\tag{11.10}$$

式中：T_1 为 $r = r_1$ 处温度；T_2 为 $r = r_2$ 处温度；T_3 为 $r = r_3$ 处温度；q 为线热源单位时间、单位长度发热量；k_{p} 为灌注桩热传导系数；k_1 为保护层热传导系数；k_{s} 为土体热传导系数；$T^{\circ}(r)$、$T^{*}(r)$ 为离热源点距离为 r 处的温度；r_1 为保护层内径；r_2 为保护层外径；r_0 为热传导影响半径；r 为桩土上某面垂直光纤轴线的距离；r_3 为桩表面到光纤轴线的垂直距离；r_4 为桩周土表面到光纤轴线的垂直距离。

11.3 模型试验设计

考虑到常用基桩的尺寸和本试验中 DTS 分析仪的相关参数，与第 10 章模型桩设计一致，设计模型桩长 1.5m，宽、高分别为 0.5m，采用 C30 的商品混凝土浇注并振捣密实，前期桩周无覆盖土，后期在桩周覆盖土层并压实。

光纤传感器按蛇形布置在模型桩中，如图 11.3 所示，当无覆盖土层时，光纤间距为 4cm，标记为 U6~U1、0、F6~F1 层，为了使光纤不弯折，除 0 层和 F2 层两端各预留 15m 外，其余各层两端预留 0.75m。

如图 11.4（a）所示，当覆盖土层时，覆盖土层面依次记为 M1（桩体前表面）、M2（桩体上表面）、M3（桩体后表面）、M4（地面）、M5（桩体左表面）、M6（桩体右表面），其中 M2 先不覆盖土层，M4 为地面，并且覆盖土层厚度为 0.5 m。如图 11.4（b）和（c）所示，此时桩内光纤布置不变，而土层面 M1 和 M3 分别布置 3 层光纤，间隔为 12.5 cm，光纤位于同一水平面且离地高度为 25cm，光纤标记为 A1~A6 层；土层面 M2 布置 3 层光纤，间隔 6.25cm，标记为 A7~A13 层；其中 A2、A5 和 A10 层光纤两端各预留 10m，A3~A4 层、A6~A7 层都各预留 1m，A7~A8 层、A8~A9 层、A11~A12 层、A12~A13 层各预留 0.5m。光纤依次光纤两端头预留足够长度光纤以便连接测温仪，实现双端检测。

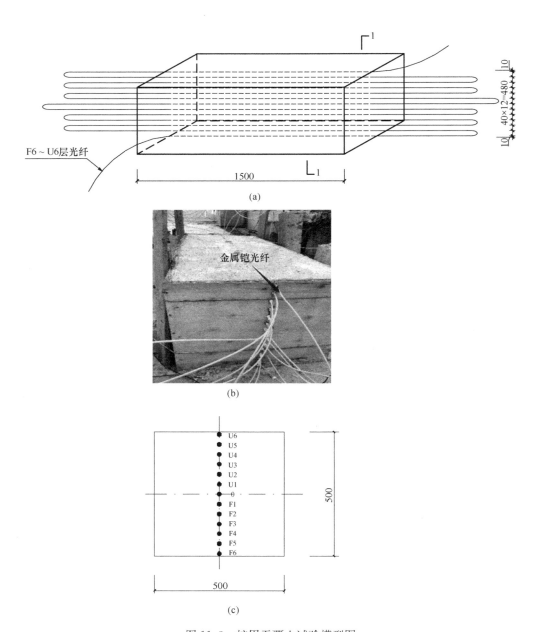

图 11.3　桩周无覆土试验模型图

（a）桩内光纤布置图（单位：mm）；（b）桩周无覆土层现场模型图；

（c）桩周无覆土 1-1 剖面图（单位：mm）

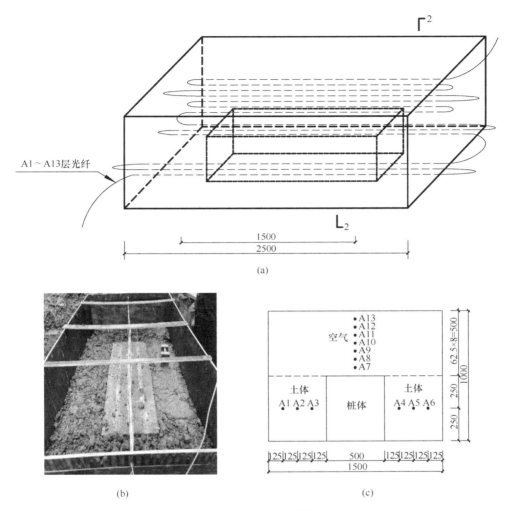

图 11.4 桩周覆土试验模型图

(a) 桩周覆盖土层光纤布置图（单位：mm）；(b) 桩周覆盖土层现场模型图；
(c) 桩周覆盖土层剖面图（单位：mm）

11.4 模型试验测试

11.4.1 空间点定位

本试验需要对 F6~U6 和 A1~A13 两根光纤进行定位，具体做法是：由于桩内温度与空气温度、土内温度与空气温度存在温度差，又对位于空气中 0 层两端指定点的光纤进行多次加热至基本稳定时，观察到位于桩内段光纤温升比位于空气段温升低。如图 11.5 所示，Sentinel DTS 测温仪器取样间隔为 1m，也就是说仪器每隔 1m 进行取样，在取样点前后 0.5m 取得温度平均值，再根据 DTS 仪器上显示的光纤刻度以及事先在光纤上标好的刻度，得出具体定位如图 11.6 和图 11.7 所示，具体对应光纤长度区间定位如表 11.1 所示。

图 11.5　DTS 测温仪器采样示意图（单位：mm）

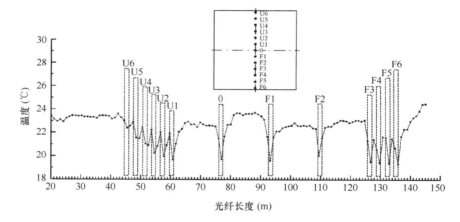

图 11.6　桩内光纤定位图

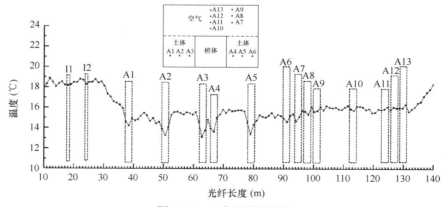

图 11.7　土内光纤定位图

光纤定位 表 11.1

层数	对应光纤长度区间(m)	层数	对应光纤长度区间(m)
U6	44.50~46.00	I1	17.50~18.50
U5	47.50~49.00	I2	23.50~24.50
U4	50.50~52.00	A1	37.00~39.50
U3	53.50~55.00	A2	49.50~52.00
U2	56.50~58.00	A3	62.00~64.50
U1	59.50~61.00	A4	65.50~68.00
0	76.00~77.50	A5	78.00~80.50
F1	92.50~94.00	A6	90.50~93.00
F2	109.00~110.50	A7	94.00~96.50
F3	125.50~127.00	A8	97.00~99.50
F4	128.50~130.00	A9	100.00~102.50
F5	131.50~133.00	A10	112.50~115.00
F6	134.50~136.00	A11	125.00~127.50
		A12	128.00~130.50
		A13	131.00~133.50

11.4.2 检测时间间隔设置

Sentinel DTS 是一台具有高温度分辨率的测量仪器。由于从传感光纤的接收回来的信号十分微弱（特别是在长距离情况下），Sentinel DTS 通过对信号取平均来获得分辨率。温度分辨率与数据的噪声情况有关，并决定了所能监测到的最小的温度变化值。测量时可以通过自行输入测量时间来获得温度平均值，减小温度波动。

对比图 11.8（a）和图 11.8（b）发现当 DTS 采样时间间隔设置为 60s 的数据比 30s 的相对要稳定很多，即理论上时间间隔越长，所测得的数据越稳定，但

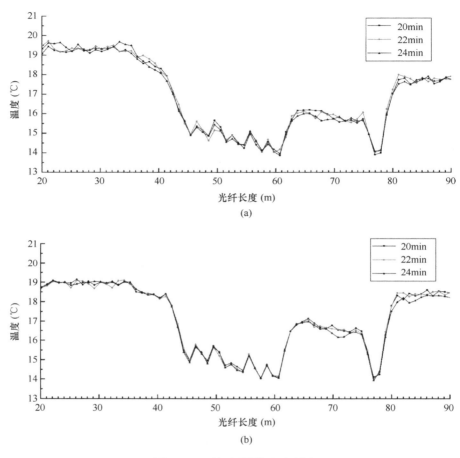

图 11.8　时间间隔设置对比图

（a）桩内金属铠光纤 30s 时间间隔；（b）桩内金属铠光纤 60s 时间间隔

考虑外界环境的影响，本试验测试时间间隔设置为 60s 及以上。

11.4.3　加热功率与加热时间设置

如图 11.9 所示，在桩周无覆土且加热功率在 4W/m 以上时，0 层光纤温升大约在加热 30min 时基本到达稳定；而如图 11.10 所示，桩周覆土后，在加热功率 4W/m 以上时，0 层光纤温升大约在加热 40min 时基本到达稳定；两者 0 层光纤温升都经历了从快速上升到缓慢爬升到最后基本稳定三个阶段，为了减少外部环境的影响，确定本试验加热时间设置为 60min，确定本试验的加热功率为 4W/m 以上。

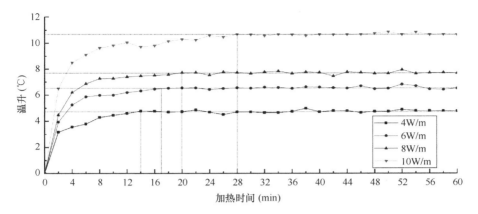

图 11.9 无覆土 0 层光纤温升随时间变化规律图

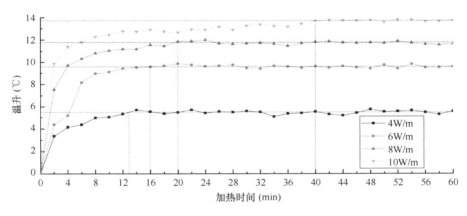

图 11.10 覆土后 0 层光纤温升随时间变化规律图

11.5 试验结果及分析

11.5.1 Sentinel DTS 测温仪器精度的校准

试验中，分别取位于桩体 0 层、U1 层，位于土体 A1 层、A2 层，位于室内 I1 层、I2 层以及位于室外 A10 层、A11 层光纤测量点的 30 次连续测量数据，以每一层连续测量 30 次的温度分别减去对应层的第一次测量的温度，得到每次测量时的相对温度如图 11.11 所示。

如图 11.11（a）、图 11.11（b）所示，DTS 仪器测试室内段光纤和室外段光纤出现了很大不同，仪器测量室内段光纤大部分测量时的相对温度都稳定在±0.3℃以内；而对于室外光纤段，大部分测量时的相对温度都超过了 0.3℃，这

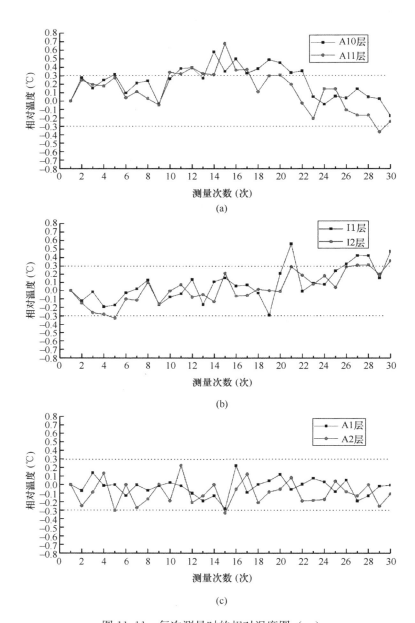

图 11.11　每次测量时的相对温度图（一）

（a）室外光纤每次测量时的相对温度图；（b）室内光纤每次测量时的相对温度图；
（c）土内光纤每次测量时的相对温度图

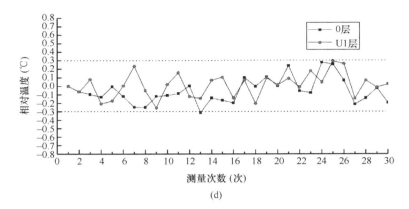

图 11.11　每次测量时的相对温度图（二）

（d）桩内光纤每次测量时的相对温度图

是由于外界环境温度时刻在发生着微小的变化而导致的。对于室内 I1 处的光纤，除去第 27～30 次可能由于室内环境发生些许变化的影响，仪器连续测量 30 次的相对温度稳定在±0.3℃的概率为 93.3%；对于室内 I2 处的光纤，除去第 27～30 次可能由于室内环境发生些许变化的影响，仪器连续测量 30 次的相对温度稳定在±0.3℃的概率为 96.7%。

　　如图 11.11（c）、图 11.11（d）所示，DTS 仪器不管是测试桩体内光纤还是测试土体内光纤，仪器测量误差都在±0.4℃以内，大部分测量时的相对温度都稳定在±0.3℃以内。桩内 0 层光纤连续测量 30 次的相对温度稳定在±0.3℃的概率为 96.7%；U1 层光纤连续测量 30 次的相对温度稳定在±0.3℃的概率为 100%；土体内 A1 层光纤连续测量 30 次的相对温度稳定在±0.3℃的概率为 100%；A2 层光纤连续测量 30 次的相对温度稳定在±0.3℃的概率为 93.3%。如表 11.2 所示，列出了不同测量位置的相对温度稳定在±0.3℃范围内的概率。

不同测量位置相对温度稳定在±0.3℃范围内的概率　　　　表 11.2

测量位置	层数	测量总数	相对温度稳定在±0.3℃内的次数	相对温度稳定在±0.3℃内的概率
室外	A10	30	18	60.0%
	A11	30	20	66.7%
室内	I1	30	25(28)	83.3%(93.3%)
	I2	30	26(29)	86.7%(96.7%)
桩内	0	30	29	96.7%
	U1	30	30	100.0%
土内	A1	30	30	100.0%
	A2	30	28	93.3%

总体来看，在外部环境不出现很大变化时，位于模型桩体内和土体内的光纤在进行温度测量时，可以认为在 1h 甚至更长时间的范围内受外部环境变化的影响很小，而 DTS 仪器连续测量 30 次的相对温度稳定在 ±0.3℃ 的最低概率为 93.3%（大于 90%）。因此在排除仪器偶然误差的情况下，我们可以确定在工程实际应用中该 Sentinel DTS 测温仪器的精度为 ±0.3℃。

11.5.2　桩周无覆土时不同环境温度对桩体热传导影响

试验中，桩周平均环境温度分别为 18.0℃、23.0℃、25.0℃，分别采用 0W/m、4W/m、6W/m、8W/m、10W/m 加热功率对 0 层光纤两端间隔 30 m 处进行加热，加热稳定后分别以加热功率为 4W/m、6W/m、8W/m、10W/m 得到的每层的温度减去加热功率为 0W/m 的温度，得到桩体在三种不同桩周环境温度下各层光纤的温升如图 11.12 所示。

如图 11.12 所示，对 0 层光纤加热至稳定后，离 0 层越近的光纤温升值越高，光纤温升值与距 0 层距离呈非线性递减趋势，0 层光纤的温升随着加热功率的增大而增大，且 0 层的温升要明显大于其他各层，这可能是由于金属铠保护层吸收了大量的热量造成的；对于区域 2 来说，在相同的桩周环境温度下，随着加热功率升高，温升值出现了微弱的上升。

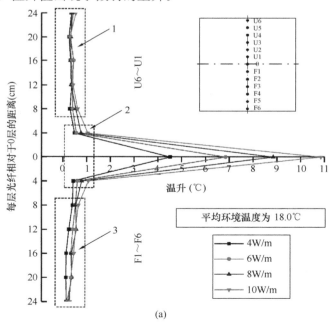

(a)

图 11.12　桩周无覆土层不同环境温度下桩体内各层光纤温升图（一）

(a) 平均环境温度为 18℃时桩体内各层光纤温升曲线图

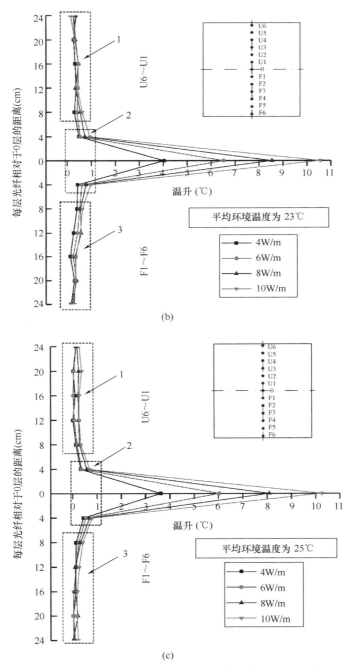

图 11.12 桩周无覆土层不同环境温度下桩体内各层光纤温升图（二）
(b) 平均环境温度为 23℃时桩体内各层光纤温升曲线图；
(c) 平均环境温度为 25℃时桩体内各层光纤温升曲线图

如图 11.12（a）、图 11.12（c）所示，桩周环境温度相差 7.0℃，对于区域 1 和区域 3 来说，两者温升基本趋于一致且没出现较大变化；而对于区域 2 来说，在相同的加热功率下，随着桩周环境升高，温升值出现了微弱的下降，差别只有 0.3℃左右；对于 0 层而言，在相同的加热功率下，桩周环境温度越高，温升值相对要低一些（以加热功率 10 W/m 为例，具体比较如图 11.13 所示）；又如图 11.12（a）、图 11.12（b）所示，桩周平均环境温度相差 5.0℃时出现了相同的规律。

总体分析来看，我们可以初步认为在桩周环境温度没有出现超过 7℃以上变化时，桩周环境温度对桩体的热传导影响较小。由于在工程上，基桩一般深埋在地底下，要想具体研究桩周环境对桩体热传导的影响，还需要研究在不同土体温度、土体性质对桩体热传导的影响。

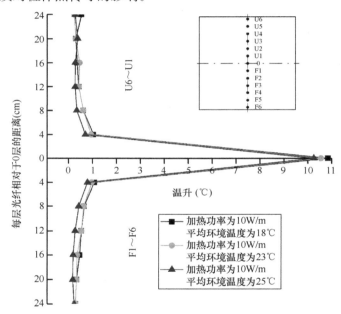

图 11.13　不同环境温度下加热功率为 10 W/m 时 U6～F1 层光纤温升图

11.5.3　桩周覆土后不同土体温度对桩体热传导的影响

试验中，以分别位于土体 A1～A6 层中的光纤测出的温度进行平均得出平均土体温度，在土体含水率和压实度基本不变时，选取平均土体温度分别为 5.6℃、8.6℃、12.8℃、14.6℃、21.6℃、24.7℃，同样分别采用 0W/m、4W/m、6W/m、8W/m、10W/m 加热功率对 0 层光纤两端间隔 30m 处进行加热，加热稳定后分别以加热功率 4W/m、6W/m、8W/m、10W/m 得到的每层的温度减去加热功率 0W/m 的温度，得到桩体在六种不同土体温度变化时桩体各层的温升如图 11.14 所示。

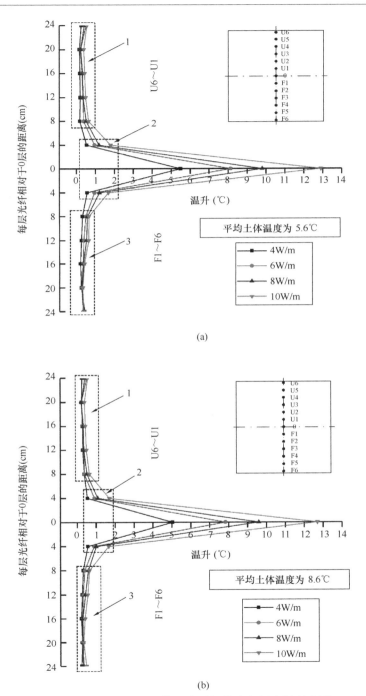

图 11.14 桩周覆土后不同土体温度时桩体内各层光纤温升图（一）
(a) 平均土体温度为 5.6℃时桩体内各层光纤温升曲线图；
(b) 平均土体温度为 8.6℃时桩体内各层光纤温升曲线图

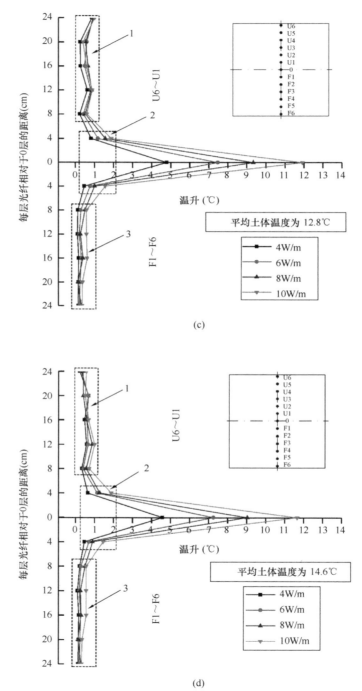

(c)

(d)

图 11.14　桩周覆土后不同土体温度时桩体内各层光纤温升图（二）
（c）平均土体温度为 12.8℃时桩体内各层光纤温升曲线图；
（d）平均土体温度为 14.6℃时桩体内各层光纤温升曲线图

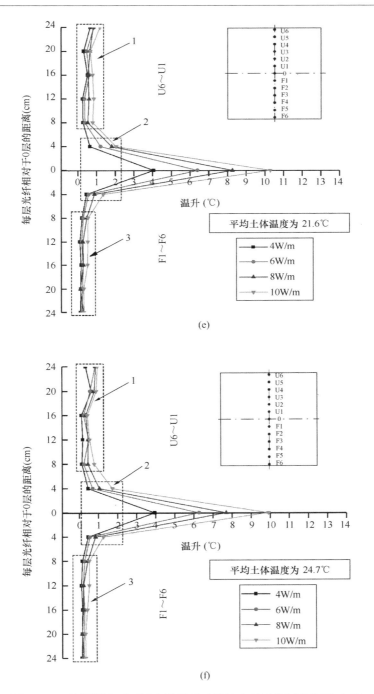

图 11.14 桩周覆土后不同土体温度时桩体内各层光纤温升图（三）
(e) 平均土体温度为 21.6℃时桩体内各层光纤温升曲线图；
(f) 平均土体温度为 24.7℃时桩体内各层光纤温升曲线图

由图 11.14 可知，与无覆土层一样，对 0 层光纤加热至稳定后，离 0 层越近的光纤温升值越高，温升值与距 0 层距离呈非线性递减趋势，0 层光纤的温升随着加热功率的增大而增大，且 0 层光纤的温升要明显大于其他各层。

由图 11.14（a）、图 11.14（b）可知，当平均土体温度相差 3.0℃时，比较 0 层和其他各层温升，温升规律基本趋于一致，区域 1、区域 2 和区域 3 对应层的光纤温升基本关于 0 层对称分布；由图 11.14（c）、图 11.14（d）可知，当平均土体温度相差 1.8℃时，比较 0 层光纤温升和其他各层光纤温升，考虑到仪器精度为 ±0.3℃，温升规律基本也趋于一致，但是区域 1 对应的 U2～U6 层光纤温升大致要比区域 3 对应的 F2～F6 层光纤温升略高，区域 2 中 U1 层也比 F1 层光纤温升高，可能原因是 U1～U6 层边界面为空气，温升受外界环境影响较大；由图 11.14（e）、图 11.14（f）可知，温升规律基本一致。

由图 11.14（a）、图 11.14（f）可知，在平均土体温度相差 19.1℃时，0 层和其他层光纤的温升出现了明显的不同，对于 0 层，在相同的加热功率下，平均土体温度越高温升就越低；对于区域 2 对应的 F1 层和区域 3 对应的 F2～F6 层，在相同的加热功率下，平均土体温度越高温升也越低。由图 11.14（a）与图 11.14（c）可知，在平均土体温度相差 7.2℃时，也出现了相似的规律。

由图 11.15 可知，在同一平均土体温度下，0 层光纤的温升随加热功率的升高而升高；而在同一加热功率下，0 层光纤的温升随平均土体温度升高而下降，但在平均土体温度变化不超过 3.1℃时，0 层光纤的温升随平均土体温度升高而基本不变；在平均土体温度分别为 5.6℃、24.7℃下，0 层光纤的温升在平均土体温度为 24.7℃时明显要比 5.6℃低且下降幅度随加热功率的增大而增大。

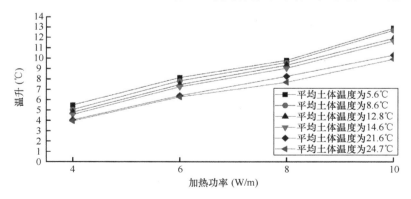

图 11.15　不同平均土体温度时 0 层光纤温升随加热功率变化

由图 11.16 可知，以 10 W/m 为例，除 0 层光纤的温升规律出现上述变化外，F1～F6 层也随平均土体温度的升高出现了下降。出现上述规律的原因可能是：在土体和桩体温度达到稳定后，土体和桩体初始温度基本一致，桩体初始温度越高，在加热后光纤金属铠保护层吸收的热量越多，且加热功率越大，吸收的热量也越多；从而导致土体温度越高，0层光纤的温升越小，传到其他层的热量就更少，温升也越小。

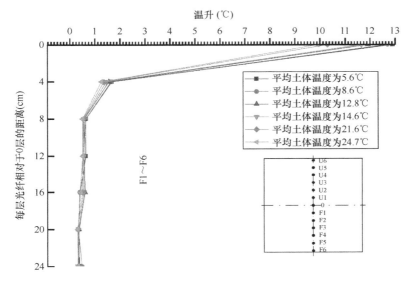

图 11.16 F1～F6 层光纤在加热功率为 10W/m 时试验温升曲线

11.5.4 桩周覆土后土体导热系数对桩体热传导的影响

试验中，在平均土体温度分别为 4.6℃、5.1℃ 时，同样分别采用 0W/m、4W/m、6W/m、8W/m、10W/m 加热功率对 0 层两端间隔 30m 处进行加热，加热稳定后分别以加热功率为 4W/m、6W/m、8W/m、10W/m 得到的每层的温度减去加热功率 0W/m 的温度，得到在土体压实前两种土体温度时桩体内各层光纤的温升如图 11.17（a）、图 11.17（b）所示；在使用压实工具进行人工压实后，在平均土体温度分别为 5.6℃、8.6℃ 时，采用同样的方法得到在土体压实后两种土层温度时桩体内各层光纤的温升如图 11.17（c）、图 11.17（d）所示。

考虑到仪器精度为 ±0.3℃ 和 U2～U6 层受外界环境影响较大的情况下，对比图 11.17（a）、图 11.17（b），发现在土体压实前同一平均土体温度作用下，桩体内各层光纤的温升基本趋于一致；对比图 11.17（c）、图 11.17（d），发现在土体压实后平均土体温度相差不大时，桩体内各层光纤的温升也基本趋于一致。

对比图 11.17（a）、图 11.17（c），发现土体被压实后，桩体内的热传导发生了很明显的变化，其中区域 1、区域 2 和 0 层的变化最为明显，区域 1 变化明显可能是受到了外界环境的影响；土体被压实后，0 层光纤的温升在不同的加热

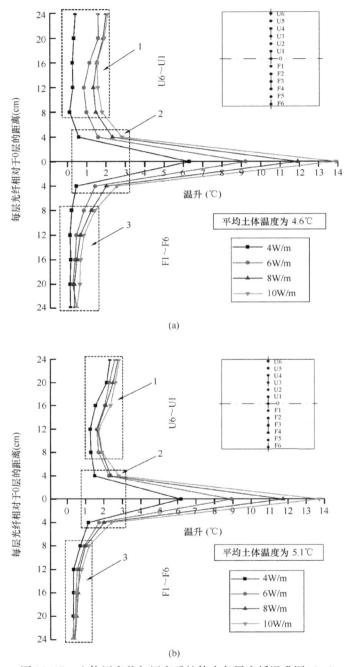

(a)

(b)

图 11.17　土体压实前与压实后桩体内各层光纤温升图（一）
（a）土体压实前平均土体温度为 4.6℃时桩体内各层光纤温升曲线图；
（b）土体压实前平均土体温度为 5.1℃时桩体内各层光纤温升曲线图

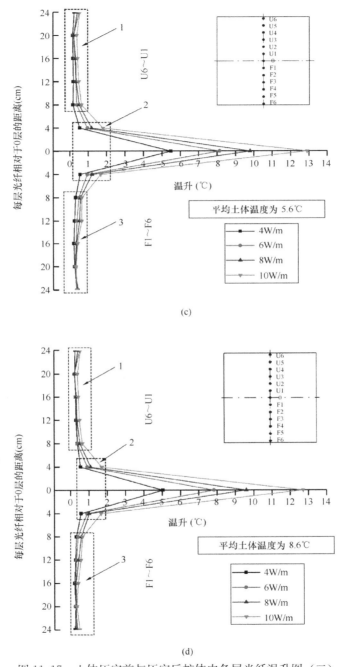

图 11.17 土体压实前与压实后桩体内各层光纤温升图（二）
（c）土层压实后平均土体温度为 5.6℃时桩体内各层光纤温升曲线图；
（d）土体压实后平均土体温度为 8.6℃时桩体内各层光纤温升曲线图

功率下都有降低，区域 2 中的 F1 层和 U1 层光纤的温升也发生了明显的降低。

试验中，各取压实前后两种平均土体温度，取加热功率为 0W/m 时，F1～F6 层测得温度平均值为初始温度 T_0，取加热功率为 10W/m 时，0 层温升稳定时的温度为 T_1，绘制桩内 F1～F6 层光纤在 10W/m 时试验温升曲线如图 11.18 所示；又根据式（11.5）第一式和温升公式 $\theta = T(r) - T_0$ 绘制桩内 F1～F6 层理论温升曲线如图 11.19 所示，计算参数如表 11.3 所示。

计算参数　　　　　　　　　　　　　　　　　　　　　　表 11.3

加热功率 (W/m)	土层温度 (℃)	温度 T_1 (℃)	温度 T_0 (℃)	金属铠保护层内径 r_1 (cm)	导热系数 k_p [W/(m·K)]
10	4.6	18.726	4.829	0.1	1.28
	5.1	19.026	5.312		
	5.6	18.772	5.874		
	8.6	21.360	8.662		

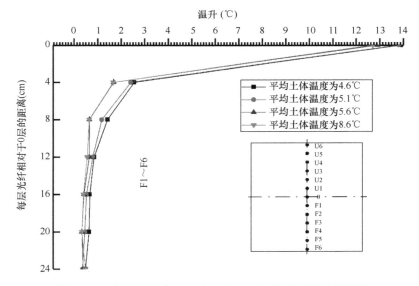

图 11.18　加热功率为 10W/m 时 F1～F6 层光纤试验温升图

试验中，取压实前土体平均温度为 5.1℃ 和压实后土层平均温度为 5.6℃，考虑到仪器精度为 ±0.3℃ 时，认为在加热功率为 0W/m 时，桩内初始温度 T_0 与土内初始温度 T_0 一致，取加热功率为 10W/m 时，0 层温升稳定的温度为 T_1，

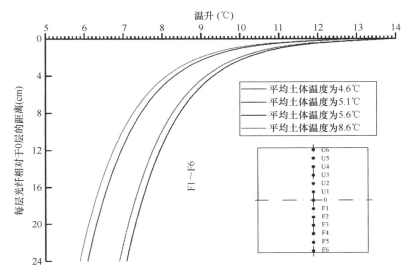

图 11.19　加热功率为 10W/m 时 F1～F6 层光纤理论温升曲线图

依据假设（2）桩土完全接触且无界面温差由式（11.5）第一式计算出 T_3，再根据式（11.5）和温升公式 $\theta = T(r) - T_0$ 绘制桩土内温升曲线如图 11.20 所示，计算参数如表 11.3 和表 11.4 所示。

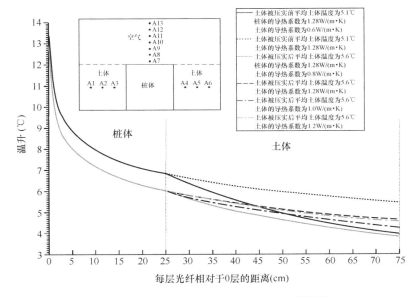

图 11.20　桩土内 10W/m 时理论温升曲线图

计算参数 表 11.4

加热功率 （W/m）	土层温度 （℃）	温度 T_3 （℃）	温度 T_0 （℃）	导热系数 k_s [W/(m·K)]	桩半径 r_3 （cm）
10	5.1	12.157	5.321	0.6	25
	5.6	11.903	5.874	0.8	
	5.6	11.903	5.874	1.0	
	5.6	11.903	5.874	1.2	

由图 11.18 和图 11.19 可知，在加热功率为 10W/m 时，桩内 F1～F6 层的试验温升图与理论温升图的趋势基本趋于一致，都是距离中心线热源越近的光纤，温升值越高，距离中心线热源越远，非线性递减；在相同的平均土体温度时，桩内 F1～F6 层的试验温升值要比理论温升值要小很多，可能原因是通过金属铠保护层损耗的热量比较多且距 0 层不同位置存在不同程度的损耗；在土体被压实后，试验温升值和理论温升值都出现了明显的下降，其中 0 层试验温升值大约下降了 1.2℃，区域 2 中 F1 层大约下降了 0.78℃，其他层也发生了微小的下降，F1～F6 层的理论温升值都下降了大约 0.816℃ 以上，这可以初步说明土体被压实后，土体的导热系数发生了变化，加速了桩体内热量的传递。

由图 11.20 可知，不管是土体被压实前还是被压实后，如果桩体和土体的导热系数一致［取值为 1.28W/(m·K)］且假设桩土完全接触无界面温差时，在同一土体平均温度下，桩土内的温升曲线是一条光滑的曲线，不会发生明显突变；但实际上，土体的导热系数往往是比混凝土浇注成的桩体导热系数要小，尤其是我们在模型桩周的人工填土，土体中存在大量孔隙而使得土体导热系数偏小，当土体导热系数比桩体导热系数要小时，我们发现土体中的温升曲线趋势发生了明显突变。当我们取土体被压实前的导热系数为 0.6W/(m·K)，土体压实后导热系数依次从 0.8W/(m·K) 增大到 1.2W/(m·K) 时，土体中的温升曲线趋势就越平缓且温升值就越高，这说明土体导热系数越大，土体散热效果越好，加速了桩体内的热量传递，导致桩内的温升值偏低，而土内的温升值相对偏高。

11.6 本章小结

本章是在基于 DTS 检测灌注桩完整性热传导特征的现场模型试验，主要研究了桩周土体环境对桩内热传导的影响，主要有以下结论：

（1）在模型桩周无覆土时，桩周环境温度没有出现超过 7℃ 以上变化时，桩周环境温度对桩体的热传导影响较小。

（2）在模型桩周覆土后，土体温度变化较大时，对桩内热传导影响较大，在同一土体温度下，桩内各层温升随加热功率的升高而升高；而在同一加热功率下，当土体温度变化不超过 3.1℃时，0 层温升基本一致；在同一加热功率下，当土体温度变化超过 3.1℃时，0 层温升随土体温度的升高而降低且下降幅度随加热功率的增大而增大，F1~F6 层也随土体温度的升高出现了下降。

（3）在试验和理论对比下，发现在模型桩周土体被压实后，增大了土体导热系数且增进了桩土界面的进一步接触，从而加速了桩体热扩散，使得 0 层和其他层温升均出现了下降趋势。

（4）在工程灌注桩成桩过程中，不可避免对桩周围一定范围内的土体进行扰动，这在一定程度上改变了土体导热系数等物性指标，使得在成桩初期利用热完整性桩基检测方法检测桩体缺陷时，很可能出现错检或漏检，因此针对具体工程问题，建议不得忽视桩周土体环境对其的影响。

第 12 章　考虑桩土界面桩体温度场特征试验系统

12.1　引言

目前，对热法桩身完整性测试方法的研究已经取得了一定的成果，但是检测理论尚不完善，还需对其进行深入的研究和探讨。本章应用 DTS 作为测温传感器，构建模型试验，对热法桩身完整性测试中的界面效应作用下热传导特征进行研究，以期完善基于 DTS 热法桩身完整性测试方法的检测理论。

12.2　模型试验设计

与第 10 章模型桩设计一致，如图 12.1(a) 所示，桩模型长 1.5m，宽、高

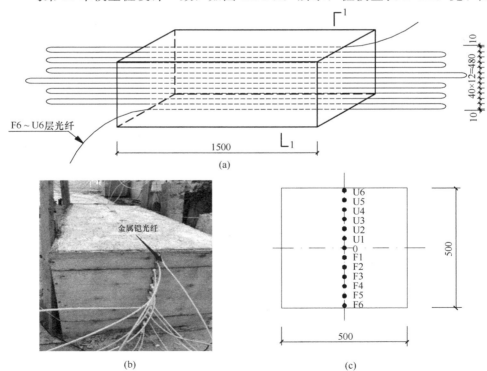

图 12.1　桩周无覆土试验模型图（单位：mm）

（a）桩内光纤布置图；（b）桩周无覆土层现场模型图；（c）1-1 剖面图

分别为 0.5m，布线方式采用蛇形布置。如图 12.1(b)、图 12.1(c) 所示，在 0.5m×0.5m 的两截面的中心线上打 13 个孔，由下至上，穿过孔道在长方体的最底下 1cm 以上开始布置 F6 层光纤，距离 F6 层以上 4cm，在同一竖直面布置 F5 层光纤，以此类推，布置 U6 层光纤，且 U6 层光纤距长方体顶面为 1cm。为了使光纤不弯折，除 0 层和 F2 层两端各预留 15m 外，其余各层两端预留 0.75m，桩外两端预留适当长度的光纤，以便连接测温仪。光纤布设完成，激活测温仪的其中一个通道进行检测，仪器显示光纤沿线畅通、无断点，采用 C30 的商品混凝土浇注。

如图 12.2(a)、图 12.2(b) 所示，在 1.5m×0.5m×0.5m 模型桩的基础上，

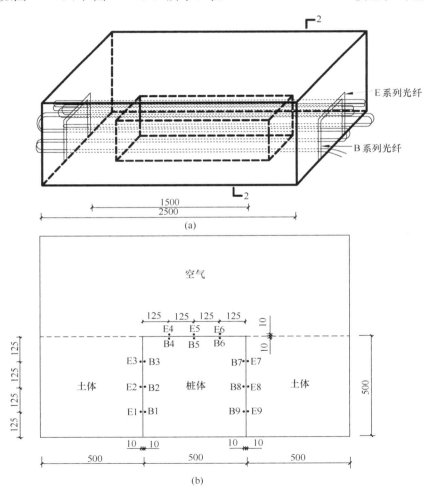

图 12.2 桩周覆土试验模型图（一）（单位：mm）

(a) 覆土模型图；(b) 覆土模型 2-2 剖面图

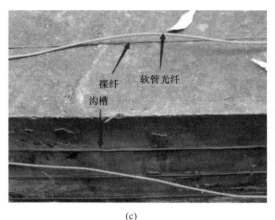 

(c)　　　　　　　　　　　　　　　　　(d)

图 12.2　桩周覆土试验模型图（二）

（c）布线实景图；（d）覆土现场图

布置桩内 B1～B9 层和桩外 E1～E9 层光纤，且每层光纤与相邻桩边的距离为 1cm，其中在对应位置刻 1cm 凹槽将 B1～B9 层光纤放入（图 12.2c），E1、B1、B9、E9 距地面 12.5cm，在其正上方 12.5cm 处布置 E2、B2、B8、E8 层光纤，以此类推布置 E3、B3、B7、E7 层光纤，E4、B4、B6、E6 层光纤到两竖直桩边长的最短垂直距离为 12.5cm，E5、B5 层光纤到两竖直桩边长距离相等。为了不使光纤弯折，覆土桩外每层光纤两端预留 0.25m，E1、B1 层预留适当长度的光纤，以便连接测温仪。光纤布设完成，激活测温仪的另一个通道进行检测，仪器显示光纤沿线畅通、无断点，然后在裸露的左右两个 1.5m×0.5m 面和两个 0.5m×0.5m 面各加 0.5m 厚土层（图 12.2d）。

12.3　模型试验测试

本试验需要对 E1～B1 和 F6～U6 两根光纤进行定位，第 11 章已经介绍了一种定位方法，我们发现这里还可以用另一种方法来定位具体做法是：利用温水对空气中光纤进行单位长度（1m）移动加热，当加热过程中出现两点温度都升高且温升相同时，可以近似地认为该 1m 段加热中点 a 为两温度升高点的中点，如图 12.3、图 12.4 所示。

如图 12.3、图 12.4 所示，通过加热确定桩内光纤和桩土界面光纤 a 点在各自测量通道上显示的位置，然后根据光纤上的距离刻度及桩长确定各层的进桩位置，最终确定 U6～F6 层中 44.50～136.00m 的光纤位于灌注桩；E1～E9 层中 46.21～71.71m 的光纤位于桩土界面土层内；B9～B1 层中 73.21～98.71m 的光纤位于桩土界面灌注桩中；从而为各层数据的采集提供了依据。具体定位见表 12.1。对比表 11.1 和表 12.1，用这两种方法定位出的 F6～U6 的这一根光纤，可以看出光纤点具体的定位完全吻合。因此这两种方法形成了相互验证，说明这两种方法都能够用来进行光纤点的定位。

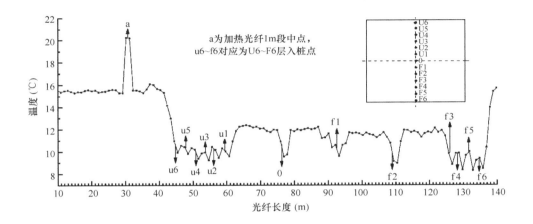

图 12.3　桩内光纤定位图

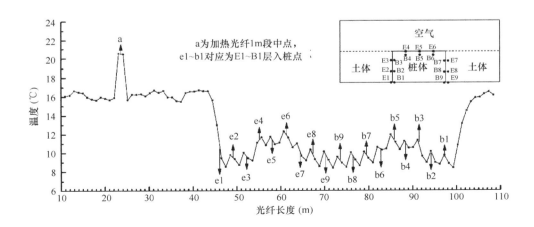

图 12.4　桩土界面光纤定位图

光纤定位 表 12.1

层数	对应光纤长度区间（m）	层数	对应光纤长度区间（m）
U6	44.50～46.00	E1	46.21～47.71
U5	47.50～49.00	E2	49.21～50.71
U4	50.50～52.00	E3	52.21～53.71
U3	53.50～55.00	E4	55.21～56.71
U2	56.50～58.00	E5	58.21～59.71
U1	59.50～61.00	E6	61.21～62.71
0	76.00～77.50	E7	64.21～65.71
F1	92.50～94.00	E8	67.21～68.71
F2	109.00～110.50	E9	70.21～71.71
F3	125.50～127.00	B9	73.21～74.71
F4	128.50～130.00	B8	76.21～77.71
F5	131.50～133.00	B7	79.21～80.71
F6	134.50～136.00	B6	82.21～83.71
		B5	85.21～86.71
		B4	88.21～89.71
		B3	91.21～92.71
		B2	94.21～95.71
		B1	97.21～98.71

12.4　模型试验结果及分析

12.4.1　模型桩体热传导特征

　　试验中，加热功率为 0W/m、4W/m、6W/m、8W/m、10W/m 时，E4～E6 层测得对应空气边界温度取平均值分别是 5.18℃、5.90℃、7.88℃、7.88℃，其中 4～10W/m 的空气边界温升值为各功率时段的环境温度减去 0W/m 时段的空气边界温度，分别为 0.72℃、1.90℃、2.70℃、2.70℃。将试验中不同功率加热 0 层光纤稳定后得到的各层温度值汇总如图 12.5（a）所示；将试验中不同功率加热 0 层光纤稳定后得到的各层温升值汇总如图 12.5（b）所示。

　　通过图 12.5（a）与图 12.5（b）发现，中心光纤 0 层加热功率越大，每一层的温度升高得越明显，即在中心光纤 0 层上加热功率越大，每一层的温升值越明显；0W/m 的温度值沿 F6～U6 方向依次降低，说明桩内向桩外散热；U1～U6

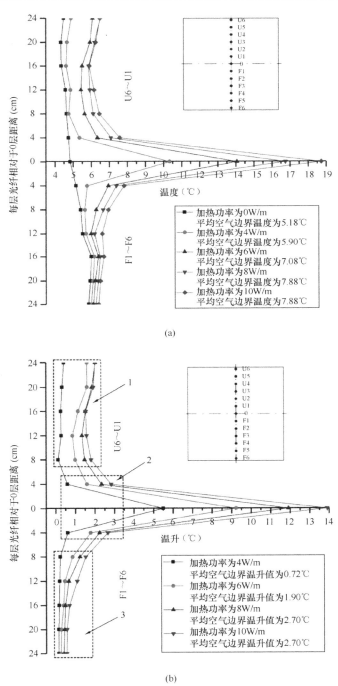

(a)

(b)

图 12.5　桩体各层光纤温度变化图

（a）U6～F6 层光纤温度曲线；（b）U6～F6 层光纤温升曲线

层与F1~F6层的温升依据半径呈一定趋势变化。

对比图12.5(b)中的区域1和区域3及区域2中U1层和F1层发现，在外界气温热荷载作用下，气温变化不大时，U1~U6层和F1~F6层温升关于0层对称相等，当气温增加0.72℃时，距离空气较近的U1~U6层相对温升较高，所以气温变化对U1~U6层的温升影响较大，且2.70℃以下的气温变化量对F1~F6层的温升几乎没有影响。

在相同加热功率作用下，F1层距离0层（热源）最近，光纤温升最高。随着距离热源越来越远，F1~F6层光纤的温升逐渐递减。

12.4.2　桩土界面对灌注桩热传导的响应分析

试验中，加热功率为0W/m时段，E1~E3层及E7~E9层等6层测得温度的平均值作为土体界面温度。假设外表面绝缘，根据理论式（11.2）和式（12.3），取加热功率为0W/m时，F1~F6层测得温度平均值为T_0；根据式（11.4）、式（11.5）和温升公式$\theta = T(r) - T_0$绘制温升曲线，计算参数如表12.2所示。

计算参数 表12.2

加热功率 (W/m)	温度 T_1 (℃)	温度 T_0 (℃)	金属铠保护层内径 r_1 (cm)	导热系数 k_p [W/(m·K)]
	17.928	5.899		
	18.105	6.235		
8	22.452	10.968	0.1	1.28
	22.767	12.079		
	22.522	12.716		

相隔一段时间测得土体界面的温度分别为5.00℃、5.87℃、11.52℃、12.00℃、13.45℃，加热功率为0W/m时，F1~F6层理论和试验温度值汇总如图12.6(a)所示，虚线代表理论曲线，折线代表试验曲线；相隔一段时间测得土体界面的温度分别为5.00℃、5.87℃、11.52℃、12.00℃、13.45℃，加热功率为8W/m时，F1~F6层理论温升值汇总如图12.6(b)所示；相隔一段时间测得土体界面的温度分别为5.00℃、5.87℃、11.52℃、12.00℃、13.45℃，加热功率为8W/m时，F1~F6层试验温升值汇总如图12.6(c)所示。

通过图12.6(a)发现，当加热功率为0W/m时，土体界面温度越低，每层的初始温度相对较低，且土体界面初始温度与桩体温度相近，考虑DTS仪器0.1~1.0℃的测量误差（上一章节校准了该DTS仪器测量精度为0.6℃左右），可以认为每层的初始温度及土体界面与桩体初始温度相等。

通过图12.6(b)和图12.6(c)发现，当保持0层加热功率为8W/m时，土体界面温度越低，每一层的温升越高，F1～F6 层温升依据半径呈曲线分布。

对比图 12.6(b) 和图 12.6(c) 发现，图 12.6(b) 中 0～F1 层温升差值比图 12.6(c) 中 0～F1 层温升差值小；图 12.6(b) 中不同初始土体界面温度下 F1～F6 层温升差值为定值，且图 12.6(b) 中 F1～F6 层温升差值比图 12.6(c) 中 F1～F6

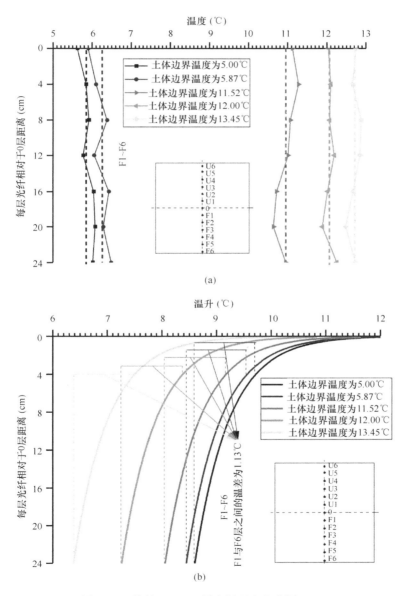

图 12.6　桩体 F1～F6 层光纤温度变化图（一）

(a) F1～F6 层光纤初始温度曲线；(b) F1～F6 层光纤 8W/m 时理论温升曲线

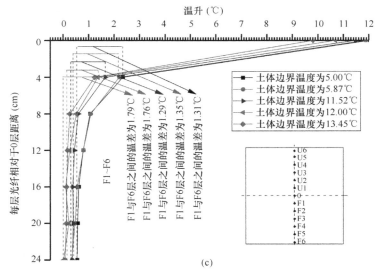

图 12.6　桩体 F1～F6 层光纤温度变化图（二）

(c) F1～F6 层光纤 8W/m 时试验温升曲线

层温升差值小；图 12.6(c) 中不同初始土体界面温度下 F1～F6 层温升差值不同，并且初始土体界面温度越大，F1～F6 层温升差值就越小。以上现象可能是热量在经过金属铠保护层后发生了损耗，且温度越高，热量在经过金属铠发生的损耗越多。

12.4.3　金属铠保护层温度传播损耗规律

试验中，B5 层相当于裸纤，忽略裸纤涂层的影响，则 U6 层的温升为金属铠保护层内径面温升值 θ_1，B5 层的温升为金属铠保护层外径面温升值 θ_2；F6 层温度在不同功率加热 U6 层时，测得的温度值几乎不变，定义为桩内初始温度 T_0。根据公式（11.7）绘制温升曲线，相关计算参数如表 12.3 所示。

计算参数　　　　　　　　　　　　　　　　　　　　　　　　　　表 12.3

温度 T_1 （℃）	温度 T_0 （℃）	比热容 [J/(kg·℃)]	导热系数 [W/(m·K)]	长度 L （m）	质量 M （kg）
14.323					
16.856					
18.320	11.536	1046	0.23	1	0.014
20.563					
22.600					

将试验中以不同功率加热 U6 层光纤稳定后得到试验温升值 θ_1、θ_2 和金属铠保护层外表面理论温升值 θ 汇总如图 12.7(a) 所示；将试验中以不同功率加热 U6 层光纤稳定后得到的温差值汇总如图 12.7(b) 所示，其中 T_1 为金属铠保护层内径表面温升，T_2 为金属铠保护层内径表面温升，T_3 为 U6 层温度减去 B5 层温度。

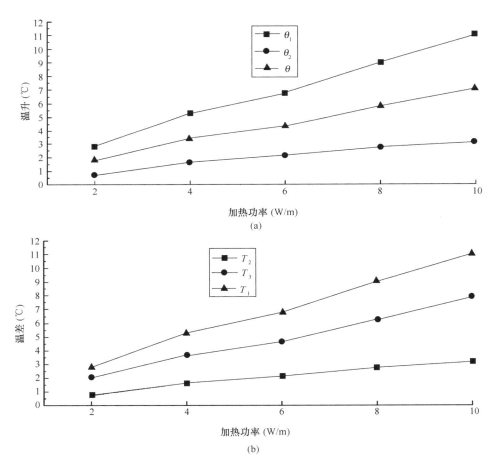

图 12.7 金属铠保护层温度损耗规律图
(a) 金属铠保护层内外温升；(b) 金属铠保护层温度损耗

通过图 12.7(a) 发现，随着加热功率的增大，金属铠保护层内外径表面温升值呈线性增加，且金属铠保护层外径表面理论温升值比金属铠保护层外径表面试验温升值大。结合图 12.7(b) 中的温差 T_3 发现，金属铠保护层内外径表面温升值相差较大，且加热功率越大，温度差值越大。

通过图 12.7(b) 发现，温差 T_1 最大，T_3 次之，T_2 最小；随着功率的增大，

温差 T_2 与 T_1、T_3 的差值越来越大，说明通过保护层而消耗的能量将变多，向桩内传递的能量相对减少，进而也解释了 0 层温升相比 U1 和 F1 层的温升显巨。

12.4.4　温升与影响半径拟合曲线

如图 12.8 所示，以非线性函数 $y = a \times \ln(x/0.25) + y_0$ 对其进行拟合，得到的拟合函数如表 12.4 所示。这些模拟曲线方差 R^2 都在 0.90 以上，非常接近 1。所以用表 12.4 的函数来估算不同温度热荷载作用下 F1～F6 光纤的临界半径是可行的。

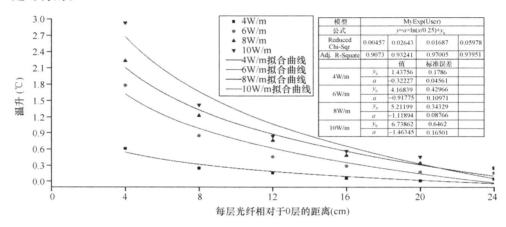

图 12.8　不同加热功率下温升与影响半径拟合曲线

不同加热功率下 F1～F6 层光纤的温升与影响半径拟合曲线　　表 12.4

功率（W/m）	F1～F6 层
4	$y = 1.43756 - 0.32227\ln\dfrac{x}{0.25}$ $R^2 = 0.9073$
6	$y = 4.16839 - 0.901775\ln\dfrac{x}{0.25}$ $R^2 = 0.93241$
8	$y = 5.21199 - 1.11894\ln\dfrac{x}{0.25}$ $R^2 = 0.97005$
10	$y = 6.73862 - 1.46345\ln\dfrac{x}{0.25}$ $R^2 = 0.93951$

注：x 为影响半径（单位为 cm），y 为温升。

Jianshu Ouyang 等[136]研究发现 DTS 的测量精度为 $0.1\sim1.0\,^{\circ}\mathrm{C}$，笔者也校

准了该 DTS 仪器测量误差，为 0.6℃左右（详见第 11 章），本试验选择 0.6℃的精度，当加热功率为 4W/m 时，运用表 12.4 中公式，即 y 等于 0.6，算得 F1～F6 层临界半径为 3.36cm，并且金属铠保护层外径表面 $x=2.5mm$ 处温升值为 1.43756℃；当加热功率为 10W/m 时，运用表 12.4 中公式，即 y 等于 0.6，算得 F1～F6 层临界半径为 16.58cm，并且金属铠保护层外径表面 $x=2.5mm$ 处温升值为 6.73862℃。功率为 4～10W/m 时，桩内光纤 U 形布置适合直径 134～664mm、桩长小于 15m（可保证加热光纤长度为 30m）的桩基检测，加热功率越大，金属铠保护层外径表面 $x=2.5mm$ 处温升值越大，能检测的桩径范围越广。

12.5 本章小结

本章考虑桩土界面及光纤传感器的结构特征，对基于 DTS 热法桩身完整性检测进行了模型试验研究与导热特性研究，结合理论分析，主要得到以下结论：

（1）桩周不同环境边界条件对桩体内温度分布特征影响显著，相同加热功率下，空气边界的影响较覆土边界的影响较大，根据试验，空气边界温度变化大于 0.74℃时，将对桩体温度分布特征产生影响。

（2）光纤结构金属铠将造成加热光纤的热量损耗，加热功率越大，热量损耗越大。距离中心线热源越近的光纤，温升值越高；离中心线热源越远，非线性递减。

（3）建立了考虑光纤热源损耗的温升分布曲线理论表达式，曲线方差接近于 1。功率为 4～10W/m 时，桩内光纤 U 形布置适合直径 134～664mm、桩长小于 15m（可保证加热光纤长度为 30m）的桩基检测，加热功率越大，金属铠保护层外径表面 $x=2.5mm$ 处温升值越大，能检测的桩径范围越广。

工程桩埋在土里，桩周环境复杂，可能存在空洞，桩内热传导将受岩土介质及气体边界影响，本试验结论进一步完善了 DTS 热法桩身完整性检测理论，也为后续的研究奠定了基础。

第 13 章　灌注桩完整性现场试验研究

在理论分析、物理模型试验、数值模型试验基础上，本章将通过现场试验研究 DTS 检测桩基缺陷。

13.1　灌注桩现场试验设计

13.1.1　现场试桩下地质情况及试桩资料

本试验选取的试桩为武汉汉口某超高层小区的钻孔灌注桩基础，采用泥浆护壁成孔。现场灌注桩基础所处的地质情况如表 13.1 所示。

试桩各参数见表 13.2。钢筋笼为先在现场制作好后再分段吊装后进行焊接。

<table>
<tr><td colspan="3">试桩地层分布情况　表 13.1</td></tr>
<tr><td>层序</td><td>岩性描述</td><td>埋深（m）</td></tr>
<tr><td>①</td><td>杂填土</td><td>0~1.8</td></tr>
<tr><td>②</td><td>黏土</td><td>1.8~4.6</td></tr>
<tr><td>③</td><td>淤泥质黏土</td><td>4.6~10.2</td></tr>
<tr><td>④</td><td>粉质黏土</td><td>10.2~22.4</td></tr>
<tr><td>⑤</td><td>粉砂</td><td>22.4~27.8</td></tr>
<tr><td>⑥</td><td>粉砂夹粉土</td><td>27.8~36.2</td></tr>
<tr><td>⑦</td><td>细砂</td><td>36.2~40.6</td></tr>
<tr><td>⑧</td><td>细中砂夹砾卵石</td><td>40.6~44.2</td></tr>
<tr><td>⑨</td><td>强风化泥岩</td><td>44.2~46.0</td></tr>
</table>

<table>
<tr><td colspan="2">试桩参数　表 13.2</td></tr>
<tr><td>试验桩号</td><td>112</td></tr>
<tr><td>桩型</td><td>钻孔灌注桩</td></tr>
<tr><td>桩径（mm）</td><td>800</td></tr>
<tr><td>桩顶标高（m）</td><td>−11.2</td></tr>
<tr><td>桩长（m）</td><td>46</td></tr>
<tr><td>桩端持力层</td><td>泥岩</td></tr>
<tr><td>主筋（mm）</td><td>12@30</td></tr>
<tr><td>混凝土强度等级</td><td>C30</td></tr>
<tr><td>钢筋保护层厚度（mm）</td><td>50</td></tr>
<tr><td>最大加载量（kN）</td><td>13000</td></tr>
</table>

13.1.2　方案设计

为提高测温精度并抵抗外界干扰，本试验将传感光纤沿着钢筋笼的主筋进行铺设，使传感光纤尽量垂直布置，光纤的绑扎间距为 600mm，试验中在绑扎同时进行下放钢筋笼。因为现场环境复杂和用电困难，将灌注桩顶预留出约 25m 光纤，以便于仪器用电和检测。在最下部将铜丝与传感光纤的铝制金属铠连接，并将铜线同样绑扎在主筋上牵引到桩外。试验中传感光纤的取点间距为 1.02m。

铺设过程中要特别注意保护好光纤与尾纤的连接部位和尾纤的头部，防止光纤折断和尾纤头部破坏；铠装光纤应沿着主筋的侧面进行铺设，避免混凝土在浇注时直接冲撞光纤，使光纤内部折断。铺设方案如图 13.1 所示。

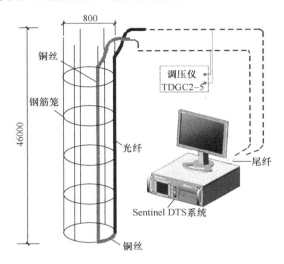

图 13.1　光纤铺设方案图（单位：mm）

13.1.3　加热时间及加热功率的选择

由于在环境温度下用光纤测得的灌注桩中正常部位和缺陷部位的信号差异小，所以需要对传感光纤进行加热以将信号放大来便于观察和分析。在对灌注桩内的传感光纤进行加热之前需要确定所使用的加热功率和加热时间。雷文凯等进行了大量的室内模型和现场试验，经过试验分析确定了最合适的加热功率和加热时间，经分析和计算得出：当所使用加热功率为 9W/m、加热时间为 1200~1500s左右时灌注桩中传感光纤的温升值基本稳定[80]。本现场试验取加热功率为 0~12W/m，各功率下持续加热时间取 1800s。

13.2　灌注桩现场试验方案及实施

13.2.1　试验方案布置

试验中光纤不仅是传输介质，也是传感媒体，它的成功铺设对桩体温度检测起关键作用，必须保证光纤畅通无断点。经过与现场灌注桩施工人员沟通协商后，我们将埋入灌注桩内传感光纤的铺设与钢筋笼吊装同时进行。灌注桩现场环境如图 13.2 所示。

图 13.2　灌注桩现场环境图

　　为了降低外界干扰，减少光纤在灌注混凝土时产生的损伤，传感光纤选用具有金属铠甲保护的传感光纤。并且此铝制金属铠甲随光纤一起埋入灌注桩后，相当于内置线热源，为检测时加热桩体提供均匀的热量来源。铺设中将传感光纤沿着钢筋笼的垂直纵筋进行绑扎，每隔 600mm 将传感光纤用塑料胶带绑扎在纵筋上面。一段钢筋笼绑扎好后，将其下沉，然后吊装绑扎另一端钢筋笼，并且始终保持传感光纤尽量竖直，不发生弯折。传感光纤绑扎好后，用 DTS 进行测量，检测传感光纤是否为通路，有无折断情况。因为施工现场电源较远，所以传感光纤在出灌注桩后预留 25m，方便尾纤连接到 DTS 检测仪器，然后连接电源。布置过程中要注意保护好光纤与尾纤的连接部位和尾纤的头部要保护好，防止光纤被折断；光纤应沿着主筋的外边进行绑扎，防止在浇注混凝土时大骨料直接冲撞光纤，使光纤内部折断。光纤现场铺设如图 13.3 所示。

　　由于现场异常复杂，灌注桩浇注完成后，施工人员还要对灌注桩进行后注浆处理，为确保现场试验的顺利进行，必须做好保护措施，具体工作如下。

　　（1）做好沟通工作。与现场施工人员积极沟通，让他们在现场协助保护，试桩附近有施工人员工作时，要做出提醒，并在有突发情况时及时得到通知，迅速前往现场妥善处理。

　　（2）保护好熔接部位。铠装光纤与尾纤的连接处十分脆弱，不能弯曲或者受力，必须用金属波纹管（可以塑料管加钢丝代替）保护起来，并固定在桩顶隐蔽的位置，防止施工人员或其他人员不小心碰到。

　　（3）保护好尾纤特制接头。尾纤特制接头要用小塑料袋包扎好，并固定在桩顶隐蔽处，做到防水防泥防压。若接头受损或被赃物污染，不仅对测试结果有影响，还会对 DTS 系统造成极大损害。

图 13.3 光纤现场铺设图

（4）做好 DTS 的防尘工作。DTS 是精密电气元件，而灌注桩现场不可避免存在大量的灰尘。测试时不能直接将 DTS 放在泥土上，要用木板（至少用塑料尼龙纸）隔开；连接尾纤 DTS 系统时，才能将 DTS 背面耦合器的隔离盖子打开。测试结束，拔出尾纤接头后，迅速将隔离盖盖住。

（5）注意用电安全。试桩处离电源较远（20m 左右），受光纤限制，DTS 只能在试桩附近展开测量，因此需要用较长的电线从电源处接至 DTS。接电前须告知施工方，由专门电工进行操作，同时在沿线做好安全提醒。

13.2.2 现场试验数据采集

试验桩灌注混凝土的时间是 12 月 16 日下午 5 点到 8 点。试验开始前在试验室内将尾纤和检测光纤连接好，并预先准备好其他的试验设备，如铜线、电源线、塑料扣等。在混凝土浇注过程中将仪器搬到现场，灌注桩浇注完成后即将连接好的光纤插入 DTS，接通电源后对灌注桩进行检测。光纤现场检测图如图 13.4 所示。然后在灌注桩经过 7d 凝结期后对灌注桩进行检测研究，加热功率取 1～12W/m，从 1W/m 开始，每次调节增加 1W/m。加热时间取 1800s，检测周期为 1min，即 DTS 两个通道各检测 20s 后，休息 20s。

图 13.4　光纤现场检测图

试验具体操作步骤如下：

（1）将仪器连接电源，启动 DTS 检测设备，然后等 DTS 检测软件启动后，点击软件上面的"报警配置"按钮，设置试验所需要的检测参数、文件名称和文件保存路径，然后点击"OK"按钮开始测量。本试验设置的检测周期为 1min，DTS 两个测量通道各检测 20s，然后休息 20s。

（2）旋转激光开关将 DTS 开启，然后开始检测数据。在 DTS 温度检测界面里面由于有许多干扰的温度噪点，这些噪点是由于里面预留有大约 100m 光纤，需要人工去选取和调节，调节 DTS 使得界面里面显示所需检测的光纤段。

（3）当开始测量时，将空气中的 2～4m 光纤放进装有开水的桶里面，观测仪器上面显示的温度变化段，并将此点在仪器温度显示界面上对应的米数值记录下来，便于其他光纤在温度测量图上面定位。检测结束时，点击界面板上面的"当前测量结束后停止"按钮，待仪器检测停止时在点击"OK"按钮，然后将激光旋钮开关旋转到关闭状态，点击界面上面的"退出程序"按钮，待软件退出后再关闭仪器，最后切断电源，将 E2000 连接器从仪器上面取下后并保护好。

13.3　灌注桩现场检测试验数据分析

Sentinel DTS 检测设备被设置为每个通道检测 20s，总共两个通道，然后休息 20s，所以检测一次的时间为 60s。在检测中由于气温、气压等环境原因，灌注桩检测所测量的数据存在一定的波动。在分析处理数据时，利用算术平均法对试验数据进行平均，尽量减少因为外界环境原因所造成的误差，使试验结果更加准确和真实。对传感光纤进行定点加热，通过 DTS 上面反映的温升坐标图来判断光纤位于桩内和桩外的长度各是多少。本现场试验所用 Sentinel DTS 设备的检测精度为 1.02m，所以可以沿着桩身每隔大约 1m 左右取一个测量点。检测仪器的精度越高，它所能检测分辨的长度值越小，检测数据就能更好地反映灌注桩的完整性。

对放置在灌注桩内的光纤进行加热，通过温升图可以发现光纤的温升规律。通过对光纤进行指定点加热，确定试验桩中和试验桩外的光纤长度，并和 DTS 上的波形进行对照，确定试验桩中的光纤对应的波形的具体位置，0～15m 测量点位于空气中，15～24m 测量点位于水与泥的混合物中，24～71m 测量点处于试验桩中。当加热时间越长时桩中光纤温升越明显，以加热功率 9W/m 为例，分别取 300s、600s、900s、1200s、1500s、1800s 时的光纤温度值与常温下的温度值之差，测得试验光纤温升值变化如图 13.5 和图 13.6 所示。

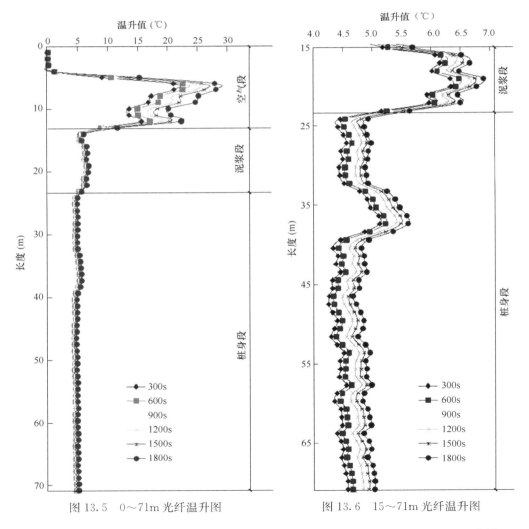

图 13.5　0～71m 光纤温升图　　　　图 13.6　15～71m 光纤温升图

由图 13.5 和图 13.6 分析可得：空气中的光纤温升速度大于试验桩中的光纤温升速度。空气的导热系数小，不容易将热量向周围介质传导。所以其升温速度更快。灌注桩中 33～40m 可能存在一定程度的夹泥，其温升图中该部位光纤温升值明显大于周围相邻光纤。并且在加热后该差异性被放大，所以可以判断该部位存在一定情况的夹泥。由于其差值并不是很大，最大约为 1℃。所以其质量缺陷并不大，满足工程要求。

灌注桩底部光纤的温升值大于周围部分，可能混凝土由于重力作用向底部沉积，或二次浇注，使底部的密实度增加，密度增大，导热系数变小。在各加热时间点上桩内各部位的温升差值存在波动，说明温升值和桩身所处的环境温度有关。由于环境温度的原因导致光纤加热后向周围介质中传递的热量大小及速度不一样。随着加热时间的增加，光纤向周围介质的传递的热量增加，混凝土温度低，其吸收热量的速度加快，试验桩中的光纤的温升值由大逐渐变小，温升趋势逐渐变为平缓。

加热功率为 1W/m、3W/m、6W/m、9W/m 和 12W/m，加热时间为 1500s 时光纤的温升值，如表 13.3 所示。

各加热功率下 1500s 时 0～71m 光纤温升　　　　　　表 13.3

长度（m）	1W/m	3W/m	6W/m	9W/m	12W/m
1	0.235	0.355	0.214	0.246	0.137
2	0.255	0.196	0.203	0.024	0.260
3	0.123	0.230	0.260	0.372	0.173
4	0.558	0.034	1.448	1.297	0.257
5	0.706	3.712	10.153	13.613	16.671
6	4.214	9.963	17.474	25.673	30.471
7	3.866	11.188	18.918	26.165	30.897
8	3.379	10.592	17.908	22.219	26.926
9	2.672	9.659	16.899	22.013	26.363
10	2.754	8.597	14.079	18.301	22.484
11	2.941	7.266	14.064	18.096	22.464
12	2.787	8.826	15.316	20.444	25.469
13	2.514	4.527	7.100	9.998	12.612
14	0.961	2.081	3.839	5.855	7.351
15	0.809	1.854	3.676	5.505	6.621
16	0.928	2.203	4.476	6.395	7.662

续表

长度（m）	1W/m	3W/m	6W/m	9W/m	12W/m
17	0.917	2.245	4.356	6.541	7.815
18	0.792	2.234	4.340	6.371	7.882
19	1.258	2.652	4.640	6.751	8.384
20	1.202	2.590	4.613	6.662	8.351
21	1.185	2.299	4.394	6.302	7.792
22	1.192	2.314	4.635	6.374	7.826
23	0.738	1.807	3.861	5.532	6.839
24	0.552	1.601	3.366	4.822	5.932
25	0.883	1.862	3.552	4.801	5.613
26	0.848	1.871	3.511	4.874	5.709
27	0.877	1.812	3.533	4.914	5.676
28	0.801	1.825	3.569	4.846	5.635
29	0.841	1.865	3.512	4.870	5.672
30	0.892	1.884	3.586	4.812	5.688
31	0.850	1.838	3.567	4.811	5.611
32	0.838	1.809	3.560	4.870	5.729
33	1.131	2.283	3.915	5.151	5.937
34	1.318	2.407	4.096	5.281	6.106
35	1.211	2.382	4.024	5.354	6.137
36	1.366	2.468	4.146	5.472	6.347
37	1.340	2.440	4.122	5.489	6.296
38	0.884	1.907	3.811	5.231	6.051
39	0.790	1.861	3.577	4.840	5.579
40	0.754	1.891	3.533	4.709	5.544
41	0.754	1.844	3.577	4.779	5.613
42	0.751	1.868	3.547	4.758	5.473
43	0.626	1.761	3.443	4.817	5.546
44	0.604	1.735	3.420	4.672	5.482
45	0.590	1.666	3.369	4.693	5.484
46	0.555	1.612	3.271	4.594	5.401

续表

长度（m）	1W/m	3W/m	6W/m	9W/m	12W/m
47	0.541	1.711	3.409	4.621	5.389
49	0.719	1.849	3.485	4.693	5.535
50	0.716	1.712	3.439	4.750	5.464
51	0.727	1.788	3.392	4.713	5.511
52	0.640	1.665	3.369	4.656	5.449
53	0.747	1.932	3.537	4.768	5.564
54	0.681	1.927	3.539	4.860	5.604
55	0.656	1.761	3.451	4.813	5.568
56	0.674	1.792	3.452	4.803	5.633
57	0.714	1.819	3.509	4.802	5.583
58	0.870	1.969	3.608	4.902	5.680
59	0.738	1.814	3.539	4.751	5.491
60	0.667	1.787	3.456	4.729	5.509
61	0.673	1.778	3.419	4.820	5.655
62	0.752	1.895	3.554	4.843	5.579
63	0.820	1.950	3.602	4.869	5.716
64	0.734	1.885	3.487	4.754	5.500
65	0.749	1.828	3.560	4.818	5.637
66	0.748	1.838	3.503	4.886	5.713
67	0.687	1.713	3.465	4.834	5.731
68	0.717	1.857	3.529	4.904	5.753
69	0.742	1.814	3.555	4.913	5.701
70	0.801	1.946	3.649	4.948	5.714
71	0.816	2.019	3.691	4.937	5.643

　　不同的加热功率对传感光纤的温升具有很大的影响。为了分析研究加热功率大小对灌注桩中的光纤温升的影响。取光纤在各加热功率下的温升值作为研究对象，将各加热功率下 1500s 的光纤稳定后的温升值进行比较分析。根据表 13.3，绘制各加热功率下光纤稳定温升值如图 13.7 和图 13.8 所示。

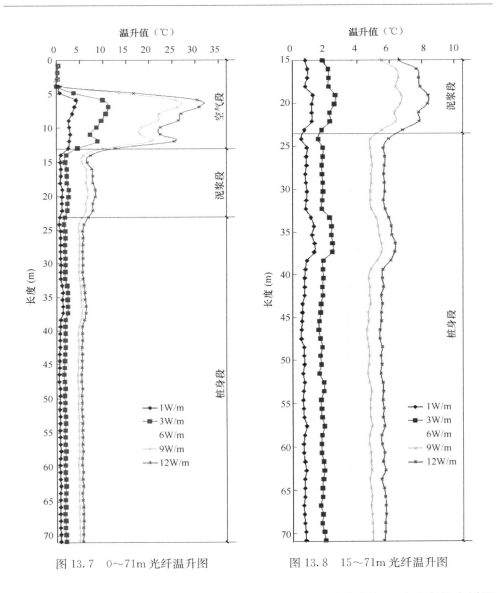

图 13.7　0~71m 光纤温升图　　　图 13.8　15~71m 光纤温升图

　　由图 13.7 和图 13.8 分析可得：空气中的光纤温升速度大于试验中的光纤温升速度。空气的导热系数小，不容易向周围介质传导热量，所以其升温速度快。随着加热功率的增加，光纤向周围介质传递的热量增加，混凝土温度低，其吸收热量的速度加快，试验桩的光纤的温升由陡逐渐变为平缓。灌注桩中 33~40m 部位的光纤温升值大于周围相邻部位，其可能存在一定程度的夹泥。在加热后该差异性被放大，能够明显观察到。由于温升差异值不大，可认为夹泥程度不大，满足工程要求。

灌注桩底部光纤的温升差值大于周围部分，可能是因为混凝土受到重力作用向底部沉积，或二次浇注，使灌注桩底部的密实度增加，密度增大，导热系数变小。当加热功率较小时，灌注桩中光纤温升值较小。随着加热功率的增加，光纤温升差值变大。当加热功率为 9W/m 时，灌注桩中光纤温升基本趋于稳定，随着加热功率的继续增加温升趋势开始变缓。当加热功率为 1W/m、2W/m 等小功率时，试验桩的光纤温升值存在波动性，即随着加热时间变大，光纤的温升值不一定逐渐增大。当加热功率调整到 4W/m 或更大时，其波动性逐渐减小。

13.4　灌注桩超声波透射技术检测研究

超声波透射检测技术在灌注桩的质量检测中已经被广泛运用，已经积累了许多工程经验，安全可靠。并且现在已经形成了国家技术检测标准。将分布式光纤传感测温技术检测结果与超声波检测结果进行对比，可以验证光纤测温技术检测结果的准确性和可靠性。

13.4.1　超声波透射检测技术原理

超声波透射检测技术通过事先在检测物中埋置成对的声测管，然后在声测管中灌注耦合介质清水，一个换能器从一根声测管中将超声波脉冲信号发射出去，在另一根声测管中用换能器接收；然后采集仪采集声波到达的时间、振幅、频率等相关数据[137]。所以我们将超声波数据和光纤检测的数据进行对比，验证光纤传感测温技术检测结果的准确性。

用超声波检测混凝土内的质量情况时，混凝土质量的弹性情况一般可以由声速反映；混凝土各界面的情况一般可以通过波幅衰减反映。通过各参数和声测图可以对混凝土的质量缺陷情况进行判断。

当超声波穿过正常的混凝土时，其波形为正常的波形，并且声速较快。波幅不会有非常明显的衰减。第一周期波振幅较大，在此周期的后半周期波的振幅很大，经接收器接收波后的包络线呈半圆形，在这个周期的波形不存在畸变的情况。当超声波穿过有蜂窝、夹砂、夹泥等情况的混凝土时，其波形变缓，并且声速变小。波形的振幅变小，波形开始出现畸变，波幅衰减很大，经接收器接收波后的包络线呈放射状。当超声波穿过有断桩、夹层、沉渣等情况的混凝土时，其波形平缓，声速发生变化。波形的振幅比较小，波形会发生畸变，声速远低于正常混凝土的声速。当缺陷范围比较大、缺陷程度比较严重时，波形严重畸变，近似为一条直线。

研究分析检测数据后，需要用到 PSD 法来准确判断检测桩的质量缺陷情况。其判断原理以声时-深度曲线相邻两点之间的斜率与差值之积作为判断依据。当计算值 PSD≤9 时，桩身质量情况正常时表现为声速正常，桩身有较小缺陷时表现为声速值较低。当计算值 PSD＞9 时，根据其值大小可以具体判断桩身质量存在断桩、夹泥、夹沙等质量缺陷情况。将以上这些判断法结合到声波信号图中就能够更加准确地判断桩身质量缺陷情况了[138]。

13.4.2　超声波透射技术检测结果

检测结果表明在 33～40m 范围的超声波信号波形存在畸变：波速曲线出现较低值；幅值也出现紊乱，低于临界值；同时 PSD 值也出现异常。由此判定，在 33～40m 深度范围内可能存在夹泥现象。

其他位置超声波波形线没有明显突变，整体接近直线；各项检测指标（声时、声速、波幅等）无明显异常；相邻测点声速、声幅变化较小。

13.5　分布式光纤测温技术和超声波透射技术检测结果对比分析

超声波透射技术现在已经发展为了一种比较常用的桩基础检测方法，具有许多优点，现在已经被广泛地运用于建筑工程中的桩基础质量情况的检测中。该检测技术通过数理统计方法将采集的检测数据进行统计归纳分析，并划定一个数值作为缺陷的临界值，检测数值超过其值则为缺陷。通过试验分析和现场检测试验验证，得出超声波透射技术能够快速地检测出桩基础缺陷情况，将检测结果进行归纳分析后，能够判断存在质量的范围。

灌注桩在施工过程中由于施工工艺，材料，操作等原因都会引起超声波设备测得的误差较大。在出现问题的超声波测量结果中有些声测结果能够反映混凝土的质量情况，有些则不行。在分析灌注桩缺陷类型及缺陷程度时仅仅根据声测管的检测结果是不行的。超声波透射检测技术虽然简单、快捷，但是该技术不能准确地定性判断缺陷的类型和定量判断缺陷的程度，如果使用其结果进行灌注桩缺陷判断，往往与真实情况偏差很大。如果要在该检测结果下验证缺陷类型，还需要使用钻孔取芯法取芯检测，并将两者结果进行综合分析来判断缺陷的类型。超声波透射技术不能准确地判断缺陷类型和缺陷情况，需要和其他检测结果相结合来进行综合判断。

光纤传感测温技术以光纤本身为传感元件，通过光纤将检测数据进行采集和传输，非常简便和快捷。并且其可以内置金属铠甲作为线热源，金属铠甲不仅可以保护光纤防止硬物破坏，还可以作为均匀的线热源为检测的介质提供热源。光纤传感测温技术比超声波透射技术更加简便和快捷，效率和准确性更高。并且该检测技术能够克服超声波透射技术不能定性、定量地判断质量缺陷的问题，也能够解决长期实时在线检测的问题。所以将光纤传感测温技术运用于灌注桩质量完整性检测中拥有许多优势，将使工程检测领域的检测手段更加完善化。

13.6　本章小结

本章通过设计灌注桩的现场检测试验，在对传感光纤进行加热的情况下，检测灌注桩内的光纤温升情况，分析试验灌注桩的质量缺陷与完整性情况。研究传感光纤温升与加热时间、加热功率之间的关系。试验研究结果表明：

（1）通过试验，检验了基于分布式光纤传感测温技术用于灌注桩质量缺陷检测的可行性，为桩基检测技术提供了新的检测方法和研究方向。

（2）在现场灌注桩试验中，光纤温升值随加热时间的增加而增大，传感光纤温升值与加热时间具有良好的相关性。

（3）在现场灌注桩试验中，光纤温升值随加热功率的增大而增加，传感光纤温升值与加热功率具有良好的相关性。

（4）超声波透射法检测技术能较快速地对灌注桩的缺陷进行定性判断，但是要对灌注桩的质量缺陷进行精确判断的话，还需要结合其他的检测方法综合分析。

（5）本试验可为 DTS 检测灌注桩质量提供试验和实践依据。

本试验研究了一种新的灌注桩检测方案，并进行了现场试验。试验以热传导理论为依据，将试验数据进行分析，并与超声波检测数据进行对比，得到灌注桩的质量检测情况。质量缺陷情况的定量分析还需要在室内试验和工程实际检测中完善。

参 考 文 献

[1] 宛新林. 土力学与地基基础[M]. 合肥：合肥工业大学出版社，2006.

[2] 张宏. 灌注桩检测与处理[M]. 北京：人民交通出版社，2001.

[3] 崔树琴. 突变理论在单桩竖向承载力确定中的应用[D]. 乌鲁木齐：新疆农业大学，2006.

[4] 黄建辉. 高应变实测曲线拟合法及其桩土参数的分析与研究[D]. 广州：广东工业大学，2007.

[5] 张治泰，邱平. 超声波在混凝土质量检测中的应用[M]. 北京：化学工业出版社，2006.

[6] 周岳武. 大直径桥桩完整性检测技术研究与应用[D]. 武汉：华中科技大学，2006.

[7] 史佩栋. 桩基工程手册[M]. 北京：人民交通出版社，2012.

[8] 张献民，蔡靖，王建华. 基桩缺陷量化低应变动测研究[J]. 岩土工程学报，2003，25 (1)：47-50.

[9] 甘幼琛. 当前桩基工程质量合格控制存在的问题与随机控制新模式的探讨[J]. 土木工程学报，2004，37(1)：84-91.

[10] 宋人心，王五平，傅翔，等. 灌注桩声波透射法缺陷分析方法—阴影重叠法[J]. 中南公路工程，2006，Vol. 31(2).

[11] 张丹，施斌，吴智深，等. BOTDR 分布式光纤传感器及其在结构健康监测中的应用[J]. 土木工程学报，2003，36 (11)：83-87.

[12] 魏广庆，施斌，贾建勋，等. 分布式光纤传感技术在预制桩基桩内力测试中的应用[J]. 岩土工程学报，2009，31(6)：911-915.

[13] 中华人民共和国住房和城乡建设部. JGJ 106—2011 建筑基桩检测技术规范[S]. 北京：中国建筑工业出版社，2011.

[14] 陈凡，徐天平，陈久照，等. 基桩质量检测技术[M]. 北京：中国建筑工业出版社，2003.

[15] 李廷，徐振华，罗俊. 基桩声波透射法检测数据评判体系研究[J]. 岩土力学，2010，(10)：3165-3172.

[16] Jing Ma. Influence Analysis of a New Building to the Bridge Pile Foundation Construction [J]. Open Journal of Civil Engineering，2015，5(1)：37-42.

[17] 王述红，张鑫，赵振东，等. 声波透射法检测大直径灌注桩试验研究[J]. 东北大学学报(自然科学版)，2011，(6)：868-870.

[18] 贺玉龙，杨立中，郑永翔. 声波透射法在旋喷桩复合地基加固效果评价中的应用[J]. 中国铁道科学，2003，(5)：45-48.

[19] Liao. Nondestructive testing of piles [D]. Thesis Texas：University of Texas at Austin；1994.

[20] Rausche F. Non-destructive evaluation of deep foundations[C]. Proceedings：fifth in-ternational conference on case histories in geotechnical engineering，New York. 2004. OSP-5.

[21] White B，Nagy M，Allin R. Comparing cross-hole sonic logging and low-strain in-tegrity testing results[C]. Proceedings of the eighth international conference on the application of stress wave theory to piles，Lisbon，Portugal. 2008. p. 471-6.

[22] Branagan & Associates，Inc. Using Crosshole Sonic Logging (CSL) To Test Drilled-Shaft Foundations，(2002)，Las Vegaas，NV.

[23] Amir JM，Amir EI. Capabilities and limitations of cross hole ultrasonic testing of piles [C]. Orlando，Florida：International Foundation Congress and Equipment Expo；2009. p. 536-43. GSP 185.

[24] 谭海立. 基于小波分析的基桩完整性检测[D]. 武汉：武汉理工大学，2010.

[25] Smith，E. A. L. Pile Driving Analysis by the Wave Equation[J]. Journal of the soil Mechani cs and Foundation Division，Proceeding ASCE，Vol. 86，No. 4，1960.

[26] Goble G G. Dynamic Studies on the Bearing Capaeity of Piles[C]. Phase111，Repor No. 48，Division of Solid Meehanies，Strueture and Meehanical Design Case Wesern Re-serve University，1970.

[27] Novak M. Aboul-EllaF. Impedence Funetions of piles in layered Media[J]. Journal of the Engineering Meehanies Division，ASCE1979，104(3).

[28] Han S F. Winterkorn and HSai-YangFang. Foundation Engineering Handbook[J]. van Nostr and Reinhold ComPany，1995.

[29] 周光龙. 桩基参数动测法[C]//中国土木工程学会第三届土力学及基础工程学会会议论文选集. 北京：中国建筑工业出版社，1981.

[30] 唐念慈. 渤海 12 号平台钢管桩试验研究[J]. 海洋石油，1979，(3).

[31] 赵学勋，李达祥，张用谦. 检测桩身质量的水电效应法[C]//桩基工程学会会议论文集，1981.

[32] 王宏志，陈云敏，陈仁朋. 多层土中桩的振动半解析解[J]. 振动工程学报，2000，13(4)：660-665.

[33] 刘东甲. 完整桩瞬态纵向振动的参数影响分析[J]. 合肥工业大学学报，2000，23(6)：1014-1018.

[34] 李挺. 黏弹性桩中应力波传播的解析解[J]. 振动与冲击，2000，19(2)：9-13.

[35] 王奎华，谢康和，曾国熙. 有限长桩受迫振动问题解析解及其应用[J]. 岩土工程学报，1997，19(6)：27-35.

[36] 王腾，王奎华，谢康和. 任意变截面桩纵向振动的半解析解及其应用[J]. 岩土工程学报，2000，22(6)：654-58.

[37] 陈凡，王仁军. 尺寸效应对基桩低应变完整性检测的影响[J]. 岩土工程学报，20(5)，1998.

[38] 赵振东，杉木三千雄，铃木善雄. 桩基低应变完整性检测的分析研究[J]. 地震工程与

工程振动，1995(4)：104-112.

[39] 袁大器. 管桩缺陷反射波法检测的有限元数值模拟研究[D]. 哈尔滨：哈尔滨工业大学，2008.

[40] 王致富. 低应变反射波法振源特性仿真分析[D]. 成都：西南交通大学，2010.

[41] Gassman S L，Finno R J. Cutoff Frequencies for Impulse Response Tests of Existing Foundations[J]. Journal of Performance of Constructed Facilities，2000，14(14)：11-21.

[42] Ni S H，Lehmann L，Charng J J，et al. Low-strain integrity testing of drilled piles with high slenderness ratio[J]. Computers & Geotechnics，2006，33(6/7)：283-293.

[43] Jori Osterberg. New device for load testing driven piles and drilled shaft separates friction and end bearing[J]. Piling and Deep Foundations. 1989，421-427.

[44] 江苏省地方标准. DB32/T 291—99 桩承载力自平衡测试技术规程[S]. 江苏省技术监督局和江苏省建设委员会.

[45] 蒋建平，高广运，顾宝和. 扩底桩、楔形桩、等直径桩对比试验研究[J]. 岩土工程学报，2003，25(6)：764-766.

[46] Peter J A，Lakshmanan N，Devadas Manoharan P. Investigations on the static behavior of self-compacting concrete under-reamed piles[J]. Journal of materials in civil engineering，2006，18(3)：408-414.

[47] 陈祥，孙进忠，蔡新滨. 基桩水平静载试验及内力和变形分析[J]. 岩土力学，2010，31(3)：753-758.

[48] 张蕾，高广运. 扩底桩深度效应及临界桩长分析[J]. 地下空间与工程学报，2013，9(1)：48-54.

[49] 李大展. 我国基桩静载试验技术的现状与展望[J]. 建筑结构，1997(8)：56-57.

[50] 黄富军. 建筑工程中钻芯法检测的应用分析[J]. 门窗，2019(04)：130-131.

[51] 黄陶. 混凝土芯样尺寸效应的研究[D]. 重庆：重庆大学，2004.

[52] 宋双阳. 混凝土强度非破损检测技术研究[D]. 天津：天津大学，2008.

[53] 苏振宇. 钻芯检测法在桥梁桩基工程中的应用分析[J]. 广东土木与建筑，2007(3)：32-33.

[54] 韦俏玲. 基桩钻芯法检测有关问题的探讨[J]. 中国建设信息化，2016(3)：72-73.

[55] 唐毅，雷新，孙佳星. 界面钻芯法在超长桩检测中的应用[J]. 施工技术，2018，47(7)：46-48.

[56] 毛远伟，昌圣翔. 钻芯法检测中芯样偏出桩时合理确定加孔孔位的方法研究[J]. 广东建材，2019，35(3)：41-43.

[57] 陈建荣，高飞. 现代桩基工程试验与检测技术——新技术·新方法·新设备[M]. 上海：上海科学技术出版社，2011.

[58] 刘冀. 桩基检测技术的综合应用[D]. 长沙：中南大学，2011.

[59] 刘德辉. 基于动力检测的桩基完整性质量分析[D]. 衡阳：南华大学，2010.

[60] 李波. 桥梁桩基缺陷的声波透射法检测及其对承载力的影响[D]. 西安：长安大学，2013.

［61］ 丁小平，王薇，付连春. 光纤传感器的分类及其应用原理［J］. 光谱学与光谱分析，2006，26（6）：1176-1178.

［62］ 徐国权，熊代余. 光纤光栅传感技术在工程中的应用［J］. 中国光学，2013，6（3）：306-317.

［63］ 张在宣，金尚忠，王剑锋，等. 分布式光纤拉曼光子温度传感器的研究进展［J］. 中国激光，2011，37（11）：2749-2761.

［64］ Zhang L M, Wong E Y. Centrifuge Modeling of Large-Diameter Bored Pile Groups With Defects［J］. J. Geotech. Geoenviron. Eng. , Vol. 133, No. 9, 2007, pp. 1091-1101.

［65］ Briaud J L, BallouzM, NasrG. Defect and Length Predictions by NDT Methods for Nine Bored Piles［J］. Geotechnical Special Publication No. 116 I, ASCE, Reston, VA, 2002, pp. 173-192.

［66］ Scott JC, Brandenberg J. Cone Penetration Test-Based Ultrasonic Probe for p-Wave Reflection Imaging of Embedded Objects［J］. J. Bridge Eng. , Vol. 17, No. 6, 2012, pp. 940-950.

［67］ Zhang G, Rong B, Fu P. Centrifuge Model Test Study of Static and Cyclic Behavior of a Pile Foundation for an Offshore Wind Generator［J］. J. Test. Eval. , Vol. 41, No. 5, 2013, pp. 1-12.

［68］ Xu MJ. Comparison and Selection of Testing Methods on Cast-in-Situ Piles［J］. Guangzhou Architect. , Vol. 36, No. 2, 2008, pp. 26-29.

［69］ Choi Y, Nam MS, Kim TH. Determination of Loading Capacities for Bi-Directional Pile Load Tests Based on Actual Load Test Results［J］. J. Test. Eval. , Vol. 43, No. 1, 2015, pp. 18-30.

［70］ 刘永莉. 分布式光纤传感技术在边坡工程监测中的应用研究［D］. 杭州：浙江大学，2011.

［71］ 蔡德所. 分布式光纤传感监测三峡大坝混凝土温度场试验研究［J］. 水利学报，2003，(5)：88-91.

［72］ Mullins G, Johnson KR. Optimizing the Use of the Thermal Integrity System for Evaluating Auger-Cast Piles［J］. Final Report. Florida Department of Transportation, Tallahassee, FL. FDOT-BDV35-977-09.

［73］ Johnson, Kevin R. Temperature Prediction Modeling and Thermal Integrity Profiling of Drilled Shafts［J］. ASCE Geo-Congress 2014 Technical Papers：pp. 1781-1794.

［74］ Mullins, Gray. Thermal Integrity Profiling of Drilled Shafts［J］. DFI Journal-The Journal of the Deep Foundations Institute, Vol. 4, No. 2 December 2010. pp. 54-64.

［75］ Mullins G, Winters D. Infrared Thermal Integrity Testing Quality Assurance Test Method to Detect Drilled Shaft Defects［J］. Washington State Department of Transportation：Olympia, WA, USA, 2011.

［76］ Mullins G, Winters D. Thermal Integrity Profiling of Concrete Deep Foundations［J］. Slideshow presented at the Association of Drilled Shaft Contractors Expo 2012, San Antonio, TX.

March 14-17.

[77] Mullins Gray. Advancements in Drilled Shaft Construction, Design, and Quality Assurance: The Value of Research[J]. Technical Paper. International Journal of Pavement Research and Technology, Vol. 6, No. 2, March 2013. pp 93-99. DOI: 106136/ijprt. org. tw/2013. 6(2). 93.

[78] Tewodros YY, osefKi-Tae Chang. Hydro-thermal coupled analysis for health monitoring of embankment dams[J]. Acta Geotechnica, 2018, 13: 447-455.

[79] 肖衡林, 蔡德所, 何俊. 基于分布式光纤传感技术的岩土体导热系数测定方法研究[J]. 岩石力学与工程学报, 2009, 28(4): 819-826.

[80] 雷文凯, 肖衡林. 基于分布式光纤测温技术的灌注桩完整性检测[J]. 湖北工业大学学报, 2014, 29(2): 19-22.

[81] Henglin Xiao, Yongli Liu. Detecting Soil Inclusion Inside Piles in the Laboratory Using DTS Method[J]. Journal of Testing and Evaluation, 2017, 45(2): 452-459.

[82] 雷文凯, 肖衡林, 张金团, 等. 基于光纤检测技术的夹泥灌注桩模型试验[J]. 岩土力学, 2018, 39(3): 909-916.

[83] Yongli Liu, Henglin Xiao. Research on the layout of optical fibers applied for determining the integrity of cast-in-situ piles[J]. Optical Fiber Technology, 2018, 45: 173-181.

[84] 林瑞泰. 多孔介质传热传质引论[M]. 北京: 科学出版社, 1995.

[85] 章熙民, 任泽需, 梅飞鸣. 传热学[M]. 北京: 中国建筑出工业版社, 2001.

[86] A·M·内维尔. 混凝土的性能[M]. 北京: 中国建筑工业出版社, 2011.

[87] 肖衡林, 张晋峰, 何俊. 基于分布式光纤传感技术的流速测量方法研究[J]. 岩土力学, 2009, 11(30): 3543-3547.

[88] Zhang Zaixuan, Liu Tianfu, Chen Xiaozu. Laser Raman Spectrum of Optical Fiber and the Measurement of Temperature Field Space[J]. Proc. SPIE 1994. 2321: 186-190.

[89] Dakin J P, Pratt D J. Fiber-optic distributed temperature measurement: A comparative study of techniques[J]. IEEE Digest, 1986, 74(10): 1-4.

[90] Hartog. A distributed temperature sensor based on liquid-core optical fibres[J]. IEEE. Lightwave Technol, 1983, 1(3): 498-509.

[91] Byounhgo Lee. Review of the Present status of optical fiber sensosr[J]. Aedaemic Press, Optical Fiber Technology Vol. 9, 2003.

[92] T. V. Panthulu1, C. Krishnaiah, J. M. Shirke. Detection of seepage paths in earth dams using self-potential and electrical resistively methods[J]. Engineering Geology, 59 (2001):281-295.

[93] Ulrich Günzel, Helmut Wilhelm. Estimation of the in-situ thermal resistance of a borehole using the Distributed Temperature Sensing (DTS) technique and the Temperature Recovery Method (TRM) [J]. Geothermics, 29 (2000), 689-700.

[94] 余小奎. 分布式光纤传感技术在桩基测试中的应用[J]. 电力勘测设计, 2006(6): 12-16.

[95] A. Mendez，T. F. Morse，F. Mendez. Applications Of Embedded Optical Fiber Sensors In Reinforced Concrete Buildings And Structures[J]. Proceedings of SPIE - The International Society for Optical Engineering, 1990，1170.

[96] 蔡顺德，望燕慧，蔡德所. DTS 在三峡工程混凝土温度场监测中的应用[J]. 水利水电科技进展，2005，25(4)：30-32，35.

[97] 蔡德所，鲍华，蔡元奇. 基于 DTS 的百色 RCC 大坝温度场实时仿真技术研究[J]. 广西大学学报(自然科学版)，2008，33(3)：216-219.

[98] 肖衡林. 渗漏监测的分布式光纤传感技术的研究与应用[D]. 武汉：武汉大学，2006.

[99] 肖衡林，蔡德所，刘秋满. 用分布式光纤测温系统测量混凝土面板坝渗漏的建议[J]. 水电自动化与大坝监测，2004，28(6)：21-23.

[100] Xiao Henglin, Huang Jie. Experimental Study of the Applications of Fiber Optic Distributed Temperature Sensors in Detecting Seepage in Soils[J]. Geotechnical Testing Journal，Vol. 36，No. 3，2013，pp. 1-9.

[101] Piscsalko G，Likins GE，Mullins G. Drilled Shaft Acceptance Criteria Based Upon Thermal Integrity[J]. In Proceedings of the DFI 41st Annual Conference on Deep Foundations，New York，NY，USA，12-14 October 2016；pp. 1-10.

[102] K. R. Johnson. Analyzing thermal integrity profiling data for drilled shaft evaluation [J]. DFI Journal - The Journal of the Deep Foundations Institute，2016，10(1).

[103] Rui Yi，Kechavarzi Cedric，OLeary Frank，et al. Integrity Testing of Pile Cover Using Distributed Fibre Optic Sensing[J]. Sensors (Basel，Switzerland)，2017，17(12).

[104] 肖衡林，雷文凯，张金团，等. 光纤测温技术用于夹泥灌注桩完整性检测的试验研究[J]. 岩石力学与工程学报，2016，35(8)：1722-1728.

[105] Xiao HL，Liu YL. Detecting Soil Inclusion Inside Piles in the Laboratory Using DTS Method[J]. Journal of Testing and Evaluation，2017，45(2)：452-459.

[106] 刘永莉，肖衡林，胡其志，等. 基于 DTS 的灌注桩完整性检测方法研究[J]. 长江科学院院报，2017，34(6)：124-127.

[107] 苏亚欣. 传热学[M]. 武汉：华中科技大学出版社，2009.

[108] 甘孝清，赵军华，李申亭，等. 分布式光纤加热技术研究[J]. 长江科学院院报，2013，30(11)：119-122.

[109] KISTER G，WINTER D，GEBREMICHAEL Y M，et al. Methodology and integrity monitoring of foundation concrete piles using Bragg grating optical fiber sensors[J]. Engineering Structures，2007，29(9)：2048-2055.

[110] 宋建学，任慧志，赵旭阳. 大直径超长后注浆钢筋砼桩身应变分布式光纤监测[J]. 平顶山工学院学报，2007，16(6)：52-54，64.

[111] 宋建学，白翔宇，任慧志. 分布式光纤在基桩静载荷试验中的应用[J]. 河南大学学报，2011，41(4)：429-432.

[112] 朴春德，施斌，魏广庆，等. 分布式光纤传感技术在钻孔灌注桩检测中的应用[J]. 岩土工程学报，2008，30(7)：976-981.

[113] 施斌，徐洪钟，张丹，等. BOTDR 应变监测技术应用在大型基础工程健康诊断中的可行性研究[J]. 岩石力学与工程学报，2004，23(3)：493-499.

[114] 魏广庆，施斌，余小奎，等. BOTDR 分布式检测技术在复杂地层钻孔灌注桩测试中的应用研究[J]. 工程地质学报，2008，16(6)：826-832.

[115] 江宏. PPP-BOTDA 分布式光纤传感技术及其在试桩中应用[J]. 岩土力学，2011，32(10)：3190-3195.

[116] 尹龙. 钻孔灌注桩位移 BOTDR 分布式光纤监测技术[J]. 隧道建设，2012，32(增刊2)：210-213.

[117] 曹雪珂. 基于分布式光纤的桩基完整性检测技术研究[D]. 武汉：华中科技大学，2013.

[118] 高飞. 基于混凝土水化热的大直径灌注桩完整性检测新技术[J]. 岩土工程学报，2011，33(增刊2)：278-281.

[119] XIAO HL，CUI XL，LEI WK. A bored pile deficiency detection method based on optical fiber temperature measurement[J]. Optical Fiber Technology，2015，21：1-6.

[120] 范萌，雷文凯，肖衡林，等. 夹泥灌注桩的光纤传感检测模型试验[J]. 长江科学院院报，2016，33(4)：95-98，104.

[121] 朱伯芳. 大体积混凝土温度应力与温度控制[M]. 北京：中国电力出版社，1999.

[122] 高景宏，赵红利. 低应变动测法检测基桩混凝土离析缺陷[J]. 科技信息，2009(1)：311-312.

[123] 夏纪敏. 公路桥梁钻孔灌注桩质量检测及缺陷处理[J]. 建筑技术开发，2019，46(19)：122-123.

[124] 张长宁. 钻孔灌注桩施工中的常见质量缺陷及处理措施[J]. 科技咨询导报，2007，29：63.

[125] 范智杰，彭晓东，孙令史，等. 浅议桥梁钻孔灌注桩缺陷成因及防治措施[J]. 交通科技与经济，2004，(3)：17-18.

[126] 宋云财. 钻孔灌注桩施工中质量缺陷的预防与处理[J]. 铁道建筑，2006(8)：33-34.

[127] 王其福，乔学光，贾振安，等. 布里渊散射分布式光纤传感技术的研究进展[J]. 传感器与微系统，2007，7(26)：7-9.

[128] 邱海涛，李川，刘建平. 基于 BOTDR 的隧道应变监测与数值模拟[J]. 2011，12(30)：78-81.

[129] 徐超凡，范萌，刘永莉，等. 离析灌注桩的光纤温度传感检测模型试验[J]. 湖北工业大学学报，2017，32(02)：105-109.

[130] 范萌，刘永莉，肖衡林，等. 光纤测温技术在断桩检测模型试验中的应用[J]. 传感器与微系统，2015，34(12)：153-160.

[131] 胡仁喜. ANSYS 14.0 热力学有限元分析从入门到精通[M]. 北京：机械工业出版社，2013.

[132] Bourne-Webb PJ，Bodas Freitas TM，Freitas Assunção RM. Soil-pile thermal interactions in energy foundations[J]. Géotechnique 2015，66，167-171.

［133］ Annaratone D. Steady Conduction In Engineering Heat Transfer ［J］. Springer，Berlin，Heidelberg.

［134］ Theodore，Louis. 7. Steady-State Heat Conduction. Heat Transfer Applications for the Practicing Engineer ［J］. John Wiley & Sons，Inc. 2011.

［135］ David Moalem. Steady state heat transfer within porous medium with temperature dependent heat generation ［J］. International Journal of Heat & Mass Transfer 19. 5：529-537.

［136］ Jianshu Ouyang，Xianming Chen，Zehua Huangfu，et al. Application of distributed temperature sensing for cracking control of mass concrete ［J］. Construction and Building Materials，2019，197.

［137］ 朱逸谦，杨晓林. 灌注桩缺陷的超声波法检测与验证 ［J］. 广州建筑，2007（4）：42-44.

［138］ 于忆骅，古松，姚勇. 超声波透射法在灌注桩缺陷检测中的应用 ［J］. 路基工程，2010（3）：175-176.